崔璀 —— 著

妈妈天生了不起

从新手到家庭CEO

中信出版集团 | 北京

图书在版编目（CIP）数据

妈妈天生了不起：从新手到家庭CEO / 崔璀著 . --
北京：中信出版社，2020.10
ISBN 978-7-5217-2328-1

I. ①妈…　II. ①崔…　III. ①家庭生活—基本知识
IV. ①TS976.3

中国版本图书馆CIP数据核字（2020）第 195026 号

妈妈天生了不起：从新手到家庭CEO

著　　者：崔　璀
出版发行：中信出版集团股份有限公司
　　　　　（北京市朝阳区惠新东街甲 4 号富盛大厦 2 座　邮编　100029）
承 印 者：河北鹏润印刷有限公司

开　　本：880mm×1230mm　1/32　　印　张：7.5　　字　数：158 千字
版　　次：2020 年 10 月第 1 版　　　印　次：2020 年 10 月第 1 次印刷
书　　号：ISBN 978–7–5217–2328–1
定　　价：49.00 元

成 为 妈 妈， 看 见 自 己

4

隔代养育的怕与爱

5

不紧张的亲子关系

**第三部分
贪心一点儿的方法论**

我为什么说妈妈是家庭的 CEO

在一次讲座中，我跟现场的几百位女性用户说："你们就是一个家庭的 CEO（首席执行官）啊。经营家庭，可不比经营企业容易——只不过，很多妈妈都干了 CEO 的活儿，却没有 CEO 的名儿。"

现场发出了一阵笑声，伴随着细微的讨论声。在那阵笑声里，我听出妈妈们有些不好意思，这是女性经常带给我的感觉——"你也太小题大做了"，"我没那么重要啦"。

这话乍一听，的确有点儿像是开玩笑。毕竟，在许多商学院课程、管理大师的加持下，经营企业的种种，显得格外高级，并且企业发展为社会和国家进步所创造的价值，也明显可见。但我们常常忽略了，作为社会最小单元的家庭，是比企业更广泛存在、覆盖人员更多的组织。经营家庭所需要的能力，一点儿也不比经营企业所需要的少。

在一定意义上，经营家庭跟经营企业的挑战，在同一个重量级上。

经营家庭，跟经营企业一样

这句话一点儿都不是在开玩笑。

我在 26 岁时结婚，29 岁时当了妈妈。养育孩子、经营家庭，这个过程和体验对我来说是全新的，所以我常常感到疑惑：我要如何维护亲密关系？什么样的养育方式才是最好的？两个毫无血缘关系的家庭要如何联结？当我的事业发展跟家庭需要产生冲突时，我该如何是好？……在这个过程中，我不断遇到新的挑战，却发现，在我过往的教育背景中，从来没有人教过我如何应对这些挑战。社会上的每一个岗位都有入职培训，唯独面对生活，好像需要你天生就会，好像女性天生就会当妈妈一样——但经历过的女性都知道，那简直是世界上最复杂的工作了。我们进入社会、走进婚姻、养育孩子、经营小家庭，还要融合两个毫无血缘关系的家庭、规划家庭财务、维护亲密关系、平衡事业与家庭，请问哪一项不需要超高的战略眼光、出色的组织协调能力和思路清晰的判断能力？

我无意成为被"无私奉献""母爱伟大"等词汇歌颂的对象，只是希望在"妈妈"这个身份上，我能做得更好、更轻松。我从小就相信方法论，并且渐渐发现，在工作中习得的很多思维方式和认知工具，也能在家庭生活中不断帮助我。

我大学毕业就进入了一家初创公司，从一线业务开始干，23 岁时做到了总编辑的职位，之后成为公司的 CEO，一路跟公司相伴 10 年，直到它上市。后来，我转头参与一家基金公司从零到一的发展，成为投资合伙人。现在，我自己作为创始人，经营一家女性成长公司。可以说，我一直深度参与企业的经营管理。在我的 3 段职业经历中，行业领域、企业规模和自身定位都有所变化，所以我格外注重管理企业的核心能力。这使我在跨界探索时，能快速进入轨道，实现身份转变。

创立 Momself 之后，我接触到大量女性用户，有些用户的家庭情况比我所经历的要复杂得多。比如孩子叛逆、教育成本增高、工作竞争加剧、婚姻状况紧张，以及离婚状况复杂，单亲妈妈上有老下有小、前有老板后有债主，重组家庭需要协调发展，妈妈自身对职业规划举棋不定等。这些问题可不是随随便便就能解决的，每一个问题都需要沟通能力、管理能力、认知能力等。

在为她们服务和自己经营家庭的过程中，我逐渐发现，在管理公司的过程中积累的核心能力，被我不断迁移到了家庭生活中。

渐渐地，家庭和企业这两条轨道，在我的生活中常常被一整套方法论支持，两者不断产生交集。

家庭和企业这两个组织，有很多类似之处。那张喜气洋洋的结婚证跟企业成立时的经营许可证一样，都宣告着这个组织的成立；家庭和企业成立伊始的目标也都是希望能"永续经营"。

夫妻双方是家庭这个组织的创始人团队，至少在最初，他们的价值观一致，眼睛看向同一个方向，"我们要在 2 年之内买房，3 年之内生孩子，要进入中产阶层"，"我们想要携手一起远离城市，过清净的生活，不被世俗裹挟"。他们渴望在各自不同的人生轨迹中拥有交集，携手一生，为了共同的目标而努力，而这正如同企业在初创时有明确的愿景、使命和价值观，同事们基于相同的目标，走到了一起。

除了创始人团队，家庭这个组织在成立伊始，就自带其他成员——双方的家长和亲戚。这些成员的属性很复杂，并且，由于他们深度参与了我们的前半生，所以在处理这些关系时，分寸拿捏很重要。家庭中有时候会有一些"业务合作方"出现，也就是双方的朋友、同事，他们每个人都对家庭这个组织有着或大或小的影响。后来，一个重要成员出现了，虽然小，但是影响力巨大，很多家庭矛盾都是因此而出现的，这就是——孩子。

家庭这个组织一刻不停地发展，需要有人统筹、协调，保持其稳定经营；在家庭的日常运营中需要合理使用资金，需要高效地分工合作，需要资源利用最大化，需要不断地做出恰当的决策。比如老人今年的生日怎么过、春节去谁家过年、孩子的兴趣班该报哪个。在一些重要时刻，比如孩子择校、亲人去世、工作出现重大变动时，需要有多种应对方案。家庭也会经历清算（离婚）、重组（再婚），这时候需要一个人思路清晰、有抗压能力。

现在你发现了，原来家庭也需要 CEO，需要跟其他成员一起，保证家庭有序、健康地发展。

CEO 不是身负重任，而是让事情变得有效

在我的记忆里，我们家是以我妈为中心的。她总是能把家里的所有资源调动起来，提出一些想法，然后发动我跟我爸参与讨论，比如旅行、买房。而在我访谈的用户中，我发现很多妈妈都无意识地承担了家庭的中心角色。她们聚集在我们的各种社群里，学习养育知识、自我提升知识；她们互相交流孩子的择校情况，关注孩子的个头儿是否标准；她们会不远千里地飞到另外一个城市，来学习"找到自己的核心竞争力"课程。她们比任何人都更认真对待自己的家庭，当仁不让地成为家庭里那个温柔而坚定的存在。

在家庭生活中，为什么妈妈常常会不自觉地承担更多？其中，有一部分是生理层面的原因。在生孩子时，女性体内会分泌更多的催产素。这种激素会使妈妈和孩子建立起一种最亲密无间的情感联结。在生完孩子的前几个月中，由于催产素的分泌，所有与孩子相关的东西会自动进入妈妈大脑认知中的第一优先级。所以，孩子一哭，我们会第一时间冲上去，想要解决问题，其他内容则会自动降级。同时，妈妈大脑中的整个记忆工作机制也会发生变化。这从大脑进化的角度来说是退步的，但这种变化可以让我们做更好的妈妈。这种天然的生理反应让妈妈对孩子有着不可替代的关爱。

催产素也被称为"抱抱基因"[1]，男女体内都有，但是女性分泌得更多。它除了可以使子宫收缩、促进分娩外，还和母婴之间的情感交流、社交行为，以及两性关系有关。这使得女性天然有着对亲密接触的需求和对复杂情感的处理能力。这些非常适合处理家庭关系，因为

在家庭关系中，我们需要付出巨大的耐心、洞察更多的情感。我在做投资的时候，很多投资人会特意对比男女创始人的不同，他们发现很多女创始人拥有更强的同理心、沟通能力、亲和力，以及韧性。她们很容易感受到员工的情绪，能够协调人际关系，关注"用户体验"，并且在巨大的压力之下，女性呈现出的坚忍程度往往超出人们的想象。女性更倾向于通过积极沟通解决问题，而不是回避问题，或者一个人默默承担。所以，在家庭关系中，妈妈常常不自觉地成为更关注孩子、关注家庭的那个人。

但我从来不是要去鼓励女性累死累活地做那个"非你不可"的角色——相反，我常常建议女性看到伴侣和其他家庭成员的力量，并使用这些力量。这么多年，我一直试图帮助自己和女性朋友们活得更轻松、更自由，但这不意味着我们在家庭中撒手不管，或者挑剔、指责对方做得不够好，毕竟良好的家庭关系事关我们每个人的幸福感，需要我们这些家庭成员共同维系。

在当妈妈和成为自己的过程中，我们会遇到各种挑战，但我希望在每个挑战时刻，我们都能知道自己是有办法的，我们可以拥有自由且有力量的人生。这是我写本书的唯一目的。

归根到底，是你想要过怎样的生活

有人问我，上文所述对女性的要求也太高了吧？听上去好像要求女性变得很强悍、很完美。

这是很大的误会。

但是我完全能理解。我从事管理工作十多年，发现人们对女老板的印象很固化：她们疲惫不堪、没有个人生活，强势且独裁。但越来越多的女性管理者，正在身体力行地扭转这些偏见：CEO 绝不是一个人扛下所有事情，她们跟任何一个企业成员一样，有明确的分工。优秀的 CEO 会放眼全局、思考战略，为企业筹划安全的资金储备。同时，CEO 能认清自己的长板和短板，通过说服、整合和借力，帮助每一个企业成员找到最适合自己的位置，形成合力，最终建构一个高效的团队。

家庭的 CEO 也是一样。我们需要让更多的家庭成员参与进来：通过改变认知和协调资源，在事业和家庭的天平上找到自己最舒服的位置；通过发挥每个家庭成员的优势，让他们在家里能获得成就感，愿意为这个家付出，可以感受到温暖；通过变问题为资源，避免因盲目行动而导致出力不讨好，帮助每个家庭成员找到最适合自己的位置。

如何做好家庭的 CEO，是一门学问，并且对我们的要求也不低，但是这个过程却可以帮助我们理解自己、成为更好的自己。

成为妈妈，对一个女人来说，是一次重生。我不是说生孩子这事儿有多么重大，而是说在成为妈妈的这个过程中，我们第一次跳出自我的束缚，拥有了一种更宽阔的视野——为另一个生命负责的视野。当那个软乎乎的小家伙躺在我的怀里，我好像第一次感受到了对生命的责任：是你啊，这位小朋友，从今天开始，我们要携手走很长的路。我第一次当妈妈，但我会拼尽全力，成为更好的自己。

在这个熙熙攘攘的世界，我们有缘遇到彼此，成为爱人和家人，如果能有更多的智慧来面对生活，让爱填满生活中的每一分每一秒，那么对于我们这漫长而又短暂的一生来说，该是多么美妙。

在这本书里，你会看到一些方法论，它们来自心理学和管理学知识，但更多来自我对于成为妈妈的这段经历的梳理。

个体心理学家阿尔弗雷德·阿德勒的观点我很赞同，他认为决定我们自己的不是"经验本身"，而是我们"赋予经验的意义"。[2]经历本身不会决定什么，我们给过去的经历赋予了什么样的意义，这才直接决定着我们的生活。人生不是由别人赋予的，而是由自己选择的，是自己选择如何生活。

对于成为妈妈这件事，我所赋予它的最大价值，是它帮助我重新认识了自己，帮助我获得了自由。它给了我不退缩的力量，帮助我在一些重要问题上快速改进和优化。我们终其一生是在完善对自我的认知，只有理解了自己是谁、自己要什么，才能真正拥有所谓的自由。而成为妈妈，无疑加速了这一进程。

米歇尔·福柯说："人拥有的自由比他知道的大得多。"于我而言，自由意味着你知道自己想要什么，你也有能力去实现自己想要的，你在过自己的生活。愿你在阅读这本书的过程中，对自己和自由，都能理解更多。

参考文献

1. Heon-Jin Lee, Abbe H. Macbeth, Jerome H. Pagani, W.Scott Young 3rd, Oxytocin: The Great Facilitator of Life [J]. Progress in Neurobiology, 2009, 88 (2): 127-151.

2.岸见一郎，古贺史健. 被讨厌的勇气 [M]. 渠海霞，译. 北京：机械工业出版社，2017.

第一
部分

成为妈妈，没有想象中那么容易

1

成为妈妈，看见自己

怀孕时请送自己一份最好的礼物

mom 怀孕是一个独一无二的窗口，令女性有动力和机会去学习关注自己，并以深度滋养的方式照顾自己。

想要对怀孕的你说一句，"辛苦了"

生命中有一些时刻，很短，两分钟就能讲述完。尽管那样短，却值得我们一字一句地记录下来。因为那些时刻足以改变我们的一生。

比如，怀孕。

不管是躲在洗手间里瞪着验孕试纸的两条红线，还是医生抬头笑着说"你怀孕了"，知道自己怀孕的那个瞬间感觉有点儿云里雾里的，好像一下子理解不了发生了什么、意味着什么。几分钟之后，你的内心深处升腾起一种奇妙的情绪，如果简单地用"高兴"这个词来形容，会觉得敷衍。

我的一个女性朋友如此形容这个瞬间——"看到试纸上的两条红线，忍不住仰天大笑"。那是在她的第二段婚姻中，而她一度以为自己再也不会遇到幸福。

另一个女性朋友知道自己怀孕时则是先反应了几秒，然后开始掉眼泪。为着这次怀孕，她做了卵巢手术，卧床休息了好几个月。

更多女性说，她们没有计划，也没有排斥，随遇而安。来了，也很好。

不管这一瞬间是否来得如你预期，它都毫不留情地改写了我们后来的人生。

我自己也没有特意地计划何时怀孕，只是觉得时机好像到了，那个生命就自然而然地来了。我的第一反应是高兴，第二反应是怪不得自己这段时间困得不行，第三反应是自己吓了一跳：工作怎么办，会有影响吗？

不是我多么疯狂地热爱工作，而是我发现自己怀孕的时候，刚刚被任命为新公司的CEO。团队初建，大家正摩拳擦掌地想着大干一场，CEO是一个团队的核心，不能说换就换。当时，公司正面临新品研发、业务开拓、团队建设等事情，每一件都需要花费十分的心力。公司的初创期，几乎覆盖了我的整个孕期。那是个很难言说的复杂阶段，现在有朋友回忆起来，还会说崔璀怀孕时啥事没有，健步如飞。但只有我自己知道，很多时候是因为不能有事：一进入公司，有大量会议和一屋子同事等着你，一堆问题悬而未决。每一个同事都拼尽全力，你很难让自己因为怀孕而耽误大家的进度。这样看来，我孕期时啥事没有，很有可能是工作的高度紧张所赋予的。

有一个细节可以做证。在孕期不到3个月的时候，我带团队去外地进行培训，一去就是半个月，每天从早8点到晚9点，听课、比赛、演讲排得满满的，以至于我半夜饿醒时，只能在房间里摸黑喝牛奶。后来，孕检时因孕酮过低，我被医生勒令休息一周。奇怪的是，高强度的培训一停下，我每天醒来都觉得头晕恶心，只要一睁眼，就感觉房间在旋转，这才发现原来自己也是有妊娠反应的，我只能闭着眼躺在床上，不能看手机，不能看书，胃口也变得很差。我就这样在床上躺了整整一周，每天都生无可恋。孕酮恢复正常后，我又回到了公司，奇怪的是，所有妊娠反应好像就这样消失了。

孕后期，我的后背长了一大片湿疹，痒得我咬牙切齿，开会时要极力控制自己才不至于伸手去挠。记得有一次我妈帮我涂药，药水不断流下来，我说要不趴着吧，但一低头看着隆起的肚子才意识到，自己已经好几个月没有享受过趴着的权利了。两个人笑了半天，我妈忽然说："没有哪个女人能'安全'地度过孕期。"

身体里承载着另外一个生命，自己再怎么强大，辛苦也在所难免。我有好几次跟同事谈话到晚上八九点，第二天产检时被医生扣下来吸氧；怀孕8个月时赶上新产品发售，我在会场站了一天，耻骨痛到不能走路，睡觉时连翻身都困难。

跟我同时怀孕的女性朋友雨，孕吐反应持续到怀孕5个多月时，每天早上在马桶边吐到昏天黑地，吐到没什么可吐，只能抱着马桶干呕。还有一个女性朋友珊，经历了先兆性流产，在床上将近一动不动地躺着养了3个月的胎——我很难想象那种生活。后来我们聊起来，共同得出了一个结论：怀孕那段时间，常常觉得自己一直在生存和生孩子之间碰撞。

我查阅资料后发现，孕期女性所经受的痛苦，远不止这些。

恶心呕吐

据统计数据显示，75% 以上的怀孕在妊娠期间会出现不同程度的恶心，而其中 50% 的孕妇则会出现孕吐，0.3%~1% 的孕妇还会出现妊娠剧吐。[1]

腰酸背痛

在怀孕期间，48% 的孕妇经历过腰酸背痛，22.22% 的孕妇会出现持续性的腰背酸痛，大约 10% 的孕妇会出现严重的腰酸背痛。[2]

腿抽筋

在怀孕后期，腿抽筋是一种很常见的现象。随着怀孕时间越来越长，孕妇腿抽筋会变得越来越频繁，超过 50% 的孕妇曾报告出现过腿抽筋的现象。[3]

失眠

怀孕早期，因为尿频、恶心呕吐、燥热等反应，孕妇睡眠质量受到明显影响；怀孕中期，孕妇则容易因为胃灼热、做梦、不宁腿综合征而睡不安宁；怀孕晚期，孕妇可能会有打鼾等问题。[4]

即使怀孕早期总睡眠时间增加，但孕妇报告主观性失眠的频率也在增加；怀孕中期，孕妇的睡眠时间开始减少；而在怀孕晚期，不宁腿综合征、夜间觉醒的出现次数会增多，所以孕妇报告睡眠问题的频率也会变得更高。

痛死人的便秘

通过自我报告的方式发现，在怀孕的早、中、晚期，孕妇发生便秘的概率分别为 45.4%、37.1%、39.4%。[5] 有 11%~38% 的孕妇在怀孕期间会出现便秘，部分孕妇会遭受痔疮的折磨。[6]

没有女人能"安全"地度过孕期。在文学作品中，作者常常把怀孕描述得像遇见彩虹般幸运，我想，那不过是因为我们对于即将到来的生命充满期待。这份期待增强了我们的耐受力，让我们变得更加坚强，也美化了我们对于不适的记忆。同时，孩子降临之后的生活更加如"排山倒海"一般，挤占了我们的记忆存储空间罢了。

现在，每当我在职场上碰到孕期女性，都会对她们多一些关照，忍不住多说一句"辛苦了"。

哪怕她们自己觉得"我还好"，可我知道那种微妙的感觉——要多付出一些努力，才能让一些情况看起来还好。

我们只关注身体，却忽视了孕期的另一重要部分——情绪

休养了快两周，身体一切指标恢复正常后，我又杀回了公司。因为在工作中不会有人为你没有完成工作目标而埋单，不管你是怀孕了还是有什么其他事情。如果你身居要职，更是如此。如果你不积淀更多成绩，把团队打磨得更扎实，以保证休产假期间一切运转正常，那么休完产假回来，你的位置很有可能会受到威胁——这就是成人世界的规则，很残酷，但公平。在美剧《傲骨之战》中，律师卢卡发现自己意外怀孕后，跟朋友说："我正在升为合伙人的正确轨道上，在事业上，我第一次觉得自己被拖了后腿。现在，我担心他们利用这一点，来扳倒我。"然后，她在通知其他合伙人自己怀孕时，同时通知了如下安排："预产期是 5 月 22 号，我会在 5 月 25 号回来，只耽误 3 个工作日，其中没有一天是在法庭上。我的产检都安排在上午 9 点之前，也安排好在家带孩子的人了。我不是在向你们索取，也不需要任何特殊的补助，但我想继续跟进我的案子，毕竟我已经跟进一年多了。"

也许你会觉得剧中人物那样做太夸张，但对很多女性来说，那就是她们需要面对的现实。

我在孕期，也时刻怀有这种担忧和焦虑。在筹备期间，所有业务要重新拓展，争论格外多：我跟董事会意见不一致，团队内部也对业务走向各执一词。怀孕 5 个月的时候，我发现肚子里的那个小家伙开始"参与"我的会议了——每次我情绪紧张、心烦意乱地主持会议时，他就会在肚子里闹腾。我印象最深的一次，是因为一项新业务执行不到位，董事长开会时声音震天响。我作为第一责任人，愧疚、懊

恼得不行。这时，肚子里的小家伙忽然狂踢我，我低头看着肚子，隔着薄连衣裙，肚皮左边鼓一下，右边冒一头，肉眼可见。当时我的念头是，肚子里怕不是藏着一个"异形"吧？这是要原地爆炸了吗？

眼看着董事长的怒火不见消，肚子里的小家伙也没有消停的意思，他闹腾得太厉害了，使我不得不站起来，离开会场休息。在门外待了一会儿，肚子安静下来了，我忍不住问他："你这是在帮我离开风暴中心吗？"那一刻的惊讶，我到现在还记得。在这个世界上，有一个生命，跟你完全同频，你们不需要通过语言来交流，也不需要任何解释，他能感觉到你的感觉，然后用他的方式与你联结。

我终于理解了什么叫感同身受。从此以后，我不再是一个人。

怀孕 5 个月时，我婆婆因癌症去世了。在那之前的很长一段时间里，我们整个家庭都处在期待新生命的欢喜和应对癌症治疗、复发的恐惧中。这种五味杂陈的感受，常常让我不知如何应对。

那天早上 7 点多，老公给我打电话，问我有没有醒。我感觉到他声音里的克制情绪，警觉地问："妈妈呢？"他说妈妈走了。

挂了电话，我低头对小家伙说："奶奶见不到你了。"我用手轻拍肚子，好怕悲伤吓到肚子里的他，但是悲伤完全抑制不住，我痛哭流涕。但是，在那一个小时里，他一动不动。

那段时间，朋友们见到我都会说："你要稳定住情绪啊，肚子里还有孩子。"

这就是我的整个孕期生活。

新业务的压力、婆婆离世等外界刺激尤其多，我的整个大脑调动内分泌系统，使它处于"备战状态"，肾上腺皮质激素分泌增多、血压上升、交感神经兴奋、呼吸急促和血氧含量下降等生理反应接踵而至。那时我常常会焦虑、失眠，后来回想起来，我忍不住猜测是不是那段经历在很大程度上导致我患上了产后抑郁。

最让我感到不安的是，自己的情绪和生理反应是否会对胎儿产生影响。我看到一些研究表明，胎儿极有可能在腹中时就已经和母亲形成一种运动共振模式，能对妈妈的身体运动、声音等感觉方式进行同步。这种早期的共振行为，可以在胎儿出生后发挥作用，帮助婴儿与妈妈建立行为和情感联结。

而妈妈怀孕期间所产生的焦虑和压力，会让孩子形成一定的易感素质。我回想起小核桃出生后的一年里，他是一个很难入睡、非常会哭闹的婴儿。他午夜时响亮的哭声，到现在都是我的噩梦——我记得有一次，为了避免他的哭声打扰到劳累了一天的姥姥和姥爷，我便把他抱到阳台上。在很深的夜里，只有我和大哭不止的他。过了一会儿，小区里开始有此起彼伏的猫叫声——小核桃凭一己之力，成功唤醒了小区里所有的猫。

小核桃1岁的时候，我带他参加公司的一个活动。在活动上，那位在我怀孕期间无数次大声咆哮的董事长出现了，她热情地招呼小核桃，然而小核桃在听到她声音的瞬间，放声大哭。

后来，董事长见到小核桃，远远地就会开始调侃他："小家伙，还不哭吗？"

小核桃也真是很配合，一听到她的声音就哇哇大哭，抱着我一把鼻涕一把眼泪地喊着"妈妈，回家"。其他同事的孩子都乖巧地替爸爸、妈妈向董事长问好，而我的孩子一见到董事长就大哭，可想而知我当时的表情有多尴尬。

好的是，这段让我感到尴尬的经历，反而促使我在日后对小核桃的养育中格外注意他的情绪与沟通。终于，小核桃3岁的时候不再因为任何声音大哭了，他现在已经是一个非常好沟通的孩子了。

回想孕期的经历，我意识到一个问题，即我不懂得如何停止。我不懂得怎样释放焦虑，哪怕我意识到"你该关照自己"的时候，我都不知道该怎么做。而这个问题，让我和肚子里的孩子，都经历过非常煎熬的一段时期。

这是我怀孕以来感到最遗憾的记忆。

从孕期开始，请好好关照自己

2018年，小核桃4岁了，而我也已经创业2年多，研发了很多关注女性成长的课程。在一次线下课程中，我们请到了正念导师贾坤，那是我第一次接触正念。

在那之前，"正念"就已经是一个时髦词了。全球有60多个国家和720多家医院、机构开设了正念减压课程，帮助了各行各业的人。大量的科学研究表明，正念可以广泛应用于失眠、焦虑、抑郁、高血压和慢性疼痛等症状的辅助疗愈，在心理健康、职场减压、领导力发展、学校教育和亲子关系等方面，正念也有很好的成效。

在我看过的企业家传记里，大多提到硅谷的很多创业公司在内部推广正念，帮助员工觉察自我、提高创造力。史蒂夫·乔布斯更是正念的资深体验者。

那时候，我只是知道正念好，但总觉得它离自己很遥远。

贾坤老师是国家二级心理咨询师，研究正念多年。乍一看，他不过是一个笑起来像阳光洒过的大男孩儿，爱踢球、爱讲冷笑话，这让我放松了很多——我一直以来都误以为练习正念要正襟危坐。谈笑间，他说了一句话："正念，是研究当下的心。"

听到这句话的当下，我的心好像被撞了一下。

他盘腿坐下，像不经意地说："来，关照自己的身体，关照自己的心。"然后，整个教室的气场忽然变了，好像万物下降，慢慢落入尘土。

就在那个瞬间，我感受到了一种无法形容的放松，孕期那个不知所措、拼命向前跑的我，出现在了眼前。结束正念后，我跟贾坤老师说："如果当时有人告诉4年前那个不知所措、拼命奔跑的我，让我们来研究你当下的心，我想，'她'会流泪的。"

这次体验打开了我跟正念之间的大门。带着自己孕期的遗憾，我走访了不同的正念老师。如果现在有人问我，孕期女性该如何关照自我，我会首推正念。

专注于正念疗法的沈荟馨老师向我讲述了这样一个故事：

有一位准妈妈来医院看病，她的血糖有一些小问题，其实这种问题对孕期女性来说很常见。医生提醒她,如果血糖再不降下去,对宝宝和妈妈都不太好。

吃晚饭的时候,这位准妈妈坐到了桌子旁,看着面前的饭 A 想起了医生白天说的话,让她少吃含糖量高的东西 B。这时,她自动化的思维开始运作了:"唉,我总是喜欢吃吃吃,都怪我,管不住嘴。我之前也没有进行锻炼,体重也不好好控制,怀孕的时候就会比别的孕妇胖一点儿。是不是这些原因让我的血糖变高了呀?"想到这里,她觉得非常内疚。这种内疚的情绪就是 C。

这位准妈妈继续想:"我之前在育儿书上看到,如果血糖一直控制不好,生下来的宝宝可能会发育不太正常啊。"育儿书上的内容就是 D。

这时候,准妈妈的胃口已经变差了。"哎呀,那我现在这么焦虑,什么都吃不下,这顿饭吃不好,宝宝今天的营养吸收就会受到影响,那后面会不会出现问题?"她对宝宝的担忧就是 E。

最后,这位准妈妈的念头飘到不知道什么地方去了,从 A 到 E,一直思来想去,总之心思已经不在吃晚饭上了。这些发散的想法会让她觉得哪里都危险,一直处于失控的状态,心里充满了焦虑。

我听到这个故事的时候,哭笑不得。这就是我在孕期,甚至是在成为妈妈之后的样子啊,不管发生什么,都会联想到之后各种各样的问题,然后沉溺在这种认知和情绪里。而这种沉溺,是导致我的焦虑、抑郁等情绪发生恶化的重要原因。

但是,正念练习会帮我们及时认识到这一点,让我们有能力把思绪放到当下最需要关注的事情上。看到饭菜时，思绪就只是停留在吃饭上；睡觉时，思绪就只是集中在休息上。不任由思绪乱飞，扰乱心神。

沈荟馨老师特别提倡孕期女性练习正念。正是通过她，我才了解到正念取向心理治疗的基本原则，是培养个体与不适感的相处能力。这种基本原则太适合孕期女性进行自我关照了，不是吗？正念训练的是人与困难共处的能力，注重的是让人变得更强大、更平静，而不是让环境变得更温柔。

在生理层面，我们怀孕时承受了呕吐、腰酸背痛、失眠和便秘等各种不适，到了生产时还会经历宫缩、阴道撕裂、剖宫产、涨奶和乳头皲裂等各种痛苦。有些痛苦会自行消退（比如孕吐），有些痛苦却没有任何解药（比如宫缩），因此，培养与疼痛相处的能力（而不是消除疼痛）对于孕期女性适应生理压力有长期的积极影响。

回到心理层面，孕期的我们承受了很多焦虑情绪，正念对我们最大的帮助，是让我们回到当下。

对正念认知疗法研究了十多年的索娜·狄米珍教授说过这样一句话，这句话也是我常常推荐孕期女性练习正念的原因："怀孕是一个独一无二的窗口，令女性有动力和机会去学习关注自己，并以深度滋养的方式照顾自己。"

即使是现在，我也深受正念中"回到当下"的影响。有一次小核桃感冒了，快要睡觉的时候，我发现他的上嘴唇忽然鼓起了一个大包，导致嘴巴都合不起来。大半夜里，家人急得团团转："怎么回事？

怎么会起这么大的包？会不会破掉？这是过敏还是食物中毒？"

这种没有答案的慌乱时刻，是女性当妈妈之后要常常面对的。我跟自己说："要停留在当下。"当下，小核桃除了嘴巴合不起来，没有任何痛苦的感觉。"别着急，你们都去睡吧，只留我观察就好了。"我把家人都打发走了，自己陪小核桃躺着。"回到当下，不焦虑明天，也不恐惧未来。"我跟自己说，结果不知不觉也睡着了。早上闹钟响，我一个激灵爬起来。天哪，我的心也太大了，怎么就睡着了呢？

"你怎么样了？哎，你的包怎么不见了？"我把小核桃的脸全方位地检查了好几遍。小核桃懒洋洋地睁开小眼："妈妈，我的包好了呀。"

这就是正念给到我的关照。在我感觉非常疲惫或者压力很大的时候，我会跟随老师进入正念状态，每次听到正念老师缓慢而悠长的声音，"现在，让我们觉察一下自己的呼吸"，我便会有一种安定下来的满足感。

如果说正念教会了我什么，那就是如何关照自己。

产后抑郁：看见，就是疗愈的开始

`mom` 最可怕的事情，莫过于不知道发生了什么。当你知道发生了什么，就是一切好起来的开始。

因为生孩子，我"搞丢"了 CEO 职位

我生孩子那一年 29 岁。虽然我在孕期种种"健步如飞"，但生活要比故事出其不意得多，生活的高潮是：我因为生孩子，"搞丢"了 CEO 职位。

在离预产期只有一周时，想想差不多该休息了，我便安排好接下来一个季度的工作，跟团队打了包票，下个季度稳扎稳打、优化产品、积蓄能量，等我回来，打个胜仗！

说完，我便挥挥手待产去了。

令我没想到的是，这产假一休就是半年——当然，可不是因为我乐不思蜀。

生孩子前，我见缝插针地用表格做了一个计划，从束腹带、喂奶

衣，到婴儿的吃喝拉撒用品，样样俱全。后来，但凡身边有朋友要生孩子，都会把我的这个表格要去，直接按表进行采购。他们说我果然是职场高手，干什么都是一把好手，"没见过这么全"的清单。但意料之外的是，我自认为做好了一切准备，没想到漏掉了一项未知的、关键的准备——产后抑郁。

我是顺产，从开始阵痛到生完，经历了24小时，那时候我终于理解了什么叫作"真正的痛，是无法用语言形容的"。因为在一体化病房里生产，家人被允许陪在我的旁边，当时，老公吓坏了，我妈急哭了，我爸只待了一小段时间，因为受不了，跑到走廊里了。

家人说我最后已经神志不清、眼神涣散，基本上是靠意志力熬完了最后的产程。

后来，接近一年的时间里，只要提到生孩子，我都会产生生理上的疼痛感。

生产后第一次去洗手间时，毫无经验的我刚挪下床就两脚一软倒在地上。这种只会发生在偶像剧女主角身上的情景竟然发生在我身上——一个一周前还坐在会议桌旁，一只脚踩着旁边的凳子，跟一屋子同事豪言壮语开会的"金刚孕妇"身上。

不仅如此，我的睡眠也遭受了巨大的挑战。我迷迷糊糊刚睡着，旁边的婴儿便嘤嘤啼哭，月嫂翻身下床，一边叫醒我，说要喂奶了，一边去抱孩子。一方面，我跟那位"婴儿同学"其实还不是很熟，他竟然这样主宰我的身体，让我措手不及；另一方面，我惊讶于自己才睡了不到两小时，现在是凌晨1点啊。

在凌晨 3 点再次被叫醒之后，我才真正意识到，这不是意外，这是抚养一个婴儿必须养成的时间规律——据说他的胃只有葡萄那么大，那意味着他很快就会再哭，要求吃奶。

除了婴儿，满屋子的人也让我有点儿措手不及。

尽职尽责的月嫂跟我的对话句式一成不变："快，趁孩子睡了，你赶紧绑一下束腹带，洗漱一下。""快，孩子睡了，你也赶紧睡啊，待会儿又要起来喂奶了。"爸妈是这样安慰我的："别不开心啊，对奶水不好。""别老看 iPad，眼睛要坏掉。""多喝汤，奶水才会足。"

在经历了第 38 个失眠之夜后，在职场上一贯相信方法论、做事势必达成的我，终于承认自己被随着生产而来的各种突如其来的状况打败了。

即便时隔多年，回想起那段时光，我的心仍然会揪起来——那段时光久得仿佛是上个世纪的事儿了，但我永远不会忘记自己那时的狼狈不堪，像头困兽在烟雾缭绕的房间里反复冲撞、挣扎。我看不清到底发生了什么，也看不到出口。那段时期，我失眠、敏感，一碰就炸毛，觉得自己糟糕极了，身边的每个人似乎都在忍受我。大家耐着性子安慰我："看看可爱的孩子，有什么不高兴的呢？"这类话让我羞愧难当，虽然我有 100 个理由不高兴：我睡不着，长期失眠；我的乳头被婴儿咬破了，刚刚结痂，他一口吸下去痛得我眼泪直流；我只是出去跟朋友吃了顿饭，乳腺就堵塞了，通乳师给我通乳的时候，我又痛得哇哇叫；我总觉得是自己没有照顾好婴儿，使他得了湿疹和肠绞痛；我不敢刷朋友圈，因为同事们都在进步，而我每隔两小时要换一次"尿不湿"……但有第101个理由，让我不能不高兴：我都当妈妈了。

我觉得这是对自己最残忍的地方，好像我们成为妈妈后，七情六欲都要自动避让。

但当时的我甚至意识不到这些，因为我认同那些"正确"的观点，我想好起来，我必须好起来。但当我真正开始好起来时，已经过去了足足半年。

更让我感到不知所措的是，我的表达能力一直很不错，但生完孩子的那段时间，我表达不清楚自己到底怎么了。

朋友要来探望，我则拼命拒绝，翻来覆去地也只是说："睡得不好，等我好了再来吧。"大家以为我只是在跟他们客气，所以一腔热情地坚持来。在等待他们到来的时间里，我一遍遍地跟自己说："没事儿的，实在不想说话，可以笑一笑。"

我硬撑着跟朋友寒暄，他们说："你看着挺好的啊，别想太多，多跟大家玩玩就好了。"我一边笑，一边跟自己说："坚持会儿，他们走了就好了。"

我妈觉得我的一切抑郁情绪都是因为我睡不着觉，所以总是催我去躺下。于是，我就一天一天地躺着，什么都不想干，有时候看着天花板或者窗外的天空，有时候翻一翻手机，看到大家在微信里热火朝天地聊工作、聊生活，我会迅速地把手机扔掉，继续躺着。我歪过头去看看我的孩子，他总是在睡觉，丝毫感受不到我的苦闷。

有时候我会忽然惊醒，伸手去探他的呼吸。

"我还活着吗？他还活着吗？"

过了很多年之后，我才逐渐意识到，在那段时间里，我最大的难处不是伤口疼痛，也不是睡眠不好，而是我搞不清楚发生了什么。我理解不了自己，也表达不出来。

后来，我在网上看到一个短片，是在采访不同的夫妻，让他们交流产后抑郁。其中一个妻子说了很多，但是丈夫始终觉得，妻子就是情绪不好。妻子沉默了半天，咬着嘴唇说了一句话："是不是只有我去死，你才能知道我有多难受？"

时隔那么多年，我的内心还是被这句话击中了。

就是这种感觉。在现实中，你们面对面，你知道他爱你，但你也知道你们在不同的空间里。

当时我并不知道自己会患上产后抑郁，我现在猜想，哪怕我当时知道了，也不一定愿意承认。感觉自己承认了患有产后抑郁，就等于承认了自己不是一个称职的妈妈，或者是承认了自己连最简单的事情都搞定不了。

"都当妈妈了，还不开心啊？"

查阅了很多资料后，我才慢慢搞清楚，新手妈妈的这种不开心的情绪，科学的名称是"围产期抑郁"。根据世界卫生组织和多家专业机构的研究数据表明，60%~80%的围产期女性在孕期和产后会出现不同程度的抑郁情绪。其中大多数女性会在几周内好转，但20%的女性会发展为临床抑郁症，极少数情况严重的，可能会酿成悲剧。[7] 其实，只要我们了解了就会知道，围产期的抑郁情绪就像感冒一样普遍，也像感冒一样只要得到适当的休息和照料，就会自愈。但是，忽略这种抑郁情绪也有可能使病情复杂化，进而发展出其他疾病。

和所有疾病一样，只有了解它、正视它，才能治愈它。

后来，我跟很多新手妈妈聊起来，才发现好多人都经历过这样的时刻：她们有的比平时更加焦虑，有的担心自己对孩子照顾不周，有的感觉十分疲劳，不愿与人交往，有的经常强颜欢笑。更多的新手妈妈会经常自我怀疑，拿自己和别人进行比较，担心自己是不是生病了，身体的不适感增加等。

奇怪的是，哪怕是很多拥有高学历的新手妈妈，也会在这种情况出现时不知所措，甚至觉得自己不应该有情绪。

现在回想起来，那段时间里我其实断断续续尝试了各种方法：大量阅读心理学相关图书，像小学生一样疯狂地吸收知识，想要了解自己到底怎么了；哪怕有一点点力气，我也会坚持写作，通过写作来整理自己的思绪。我当时想，如果自己遇到了这样的状况，那一定有女性也会遇到，于是我尝试着写公众号文章，来分享自己的感受，鼓励别人。体力渐渐恢复之后，我开始尝试着走出家门，力气不够的时候，我就在小区里慢慢走，要是状态好一点儿，我就去瑜伽馆锻炼。

当我写下这些文字的时候，我很想对当时的自己说："谢谢你的坚持和不放弃。在人生的很多时刻，如果外在力量都帮不了你时，真正能救你、支撑着你走出一步活棋的，唯有心底那些不一样的气象。"

即使这样，等我真正好起来，已经过去了半年。在休假期间，考虑到公司的发展节奏，跟董事会商量后，我辞去了 CEO 一职，离开了一起打拼的团队。

你有难过的感觉是正常的，哪怕成为妈妈

两年后，我创办了一家名叫 Momself 的公司，关注妈妈们的自我成长，起心动念就是从我的产后体验中来的。

我想帮助妈妈们发出跟传统认知不一样的声音：很多人不理解，生了孩子不应该高兴吗？而且能休长达 3 个月的产假呢，人生也发展到新阶段，不是"为母则刚"吗？但现实情况往往是这样的：一个女人生完孩子后，身体忽然出现了"空洞"，激素水平发生了巨大的变化，她在一个新生命面前束手无策；婴儿大大小小的突发状况，湿疹、黄疸、睡觉不安稳……都需要她及时应对；她的性魅力降到最低，顾不上打扮自己，身体最私密的地方还要在生产时和产后被众人注视；她在家带孩子，觉得自己接受多年的教育失去了价值；她想念工作，有时又害怕回到社会和工作中，担心自己跟不上节奏；甚至，她连哭泣都背负了责任，大家会安慰她："别哭了，哭多了对奶水不好。"

说出来可能会有很多人不信，单就为了奶水一件事，有的妈妈就会强烈地自我怀疑。我有一个朋友晶，为了不被婆婆指责自己奶水不够，月子里曾独自一人坐地铁去看中医，一瓶一瓶的中药喝下去，然后数着瓶子掉眼泪——时隔 5 年，她回头看，悠悠地说："何苦呢？当时也不知道为什么，总感觉全世界的人都在跟自己作对，孤单得

不行。"

很多新手妈妈都有类似的感觉，觉得自己非常糟糕。她们一边难过，一边觉得自己不应该难过："你都是妈妈了，看看孩子，有什么难过的事儿过不去呢？"每次听到这种话，我就很想告诉她们："你有难过的感觉，是正常的。"

一个家庭，忽然多了一个新生命，会经历各种动荡，妈妈们会感觉兴奋、紧张、不安、焦虑。这些情绪既有来自经济方面、社会方面的，也有来自原生家庭的。工作要变动，关系要调整，跟双方父母的距离也要发生变化；朋友圈子要发生改变，兴趣爱好、事业理想也都需要做新的打算。在家庭里，每个人的位置都在重新调整。然而，光是想到为那么一个小小的新生命负责，都已经足够麻烦了。

但最近距离承受这些变化的，是妈妈。

这些声音表达起来并不容易。坦白地说，不是每个人都能认同，即使是同样当妈妈的人。

"为母则刚，"她们说，"有什么好抑郁、好矫情的呢？"

在很多人看来，产后抑郁——如果存在的话——是可控的，不去想它，不去刻意强调它的存在，或者充分意识到身为人母的责任，就可以调动自己的意志力和理性力量去自行克服。对于这种观点，我也不能完全否认，毕竟有的奶奶或姥姥会这样说："我们那时候生三个五个的，也没有哭成你这样啊。"

我也一度怀疑过，现在我们一直在说产后抑郁，会不会给人不好的暗示，让人把一些情绪放大了？后来，我征询了很多专业人士的意见，"从成因到解决办法，从科学界到心理界，对此都有很多分歧，也没有特别准确的结论和治疗办法"，但这些专业人士唯一的共识是，产后抑郁是一种真实存在的痛苦状态。"出现产后抑郁情绪的妈妈大概占 60% 甚至 80%，发展成产后抑郁、需要就诊的妈妈，全世界的平均数据是 13%~16%。也就是说，绝大部分妈妈和我一样，以为初为人母应该是欢乐的、坚强的，如果感到痛苦都是自己的问题。她们从来没想过，原来并不是我太脆弱啊！"[8]

这种痛苦的部分原因是孤独和被误解，以及被忽略，如果不去管，痛苦也不会自行消失，还有可能因此被放大。

疗愈从看见开始，陪伴是最长情的告白

如果说妈妈的孤独一定来自亲友的忽视，那对很多父母、伴侣和朋友来说，也是不公平的。至少在我接触到的案例中，很多父母、伴侣、朋友一直在默默关注患有产后抑郁的妈妈。那时候，我爸妈放着老家的公司不管，专门搬到杭州来陪我；老公也是一下班就回家，围着婴儿床转来转去。

很多家庭都是这样的，亲人们陪伴在新手妈妈的左右。只不过，亲人们说的是："孩子睡，你就赶紧睡，别看手机了。"

他们说的是："老婆，我给你讲个笑话啊……老婆，你咋不笑呢？"

他们说的是："你看孩子这么健康、可爱，你也整天在家休息，

有啥可不开心的？"

他们说的是："想当年，你妈生你的时候……"

他们说的是："没事，等适应一段时间就好了。"

但他们很少直接说："你很痛苦，我知道你在经历痛苦，这可能是产后抑郁。"

我猜，我们可能太害怕"产后抑郁"这个词了，因为它显得太严肃、太沉重、太违和。大家在铺天盖地地颂扬母爱，在朋友圈里隔三岔五地晒娃、晒幸福，这个时候我们不愿意承认，还有一些妈妈，她们一边不知所措地掉着眼泪，一边喂奶。

她们怀疑自己，甚至不相信自己有存在的价值。她们身边的亲人，也同样感到茫然无措。一家人，把焦虑变成了冲突和抵抗，把关心变成了指责和压力。

我有一个男性朋友大刘，人很温和，待人接物也有耐心。他老婆生完孩子之后，经历了一段并不愉快的时间，情绪低落，时常哭泣。大刘平时聊天时会抓着我们问："怎么才能让老婆开心？"好多朋友都说："你真是很靠谱，那么懂事，做了那么多。"大刘则唉声叹气地说："我经常给我老婆讲笑话，可是没用啊，真不知道该怎么办了。我老婆，我们啥也不让她干，可她还是不高兴，老是在哭，半夜也在哭。宝宝半夜要吃奶，有时候她也不管，只是在崩溃大哭，也给不出一个具体的理由……"

大家都挺同情大刘的，说："没事没事，过段时间就好了。"

我在一旁听着，像看到了在成千上万的家庭中发生过的状况：虽然没有指责，但是丈夫很好、很懂事和妻子不够好、不够懂事的对比，十分明显。

这似乎构成了另外一种指责，只是非常隐秘而已。

养育一个孩子，适应一种新的身份，面对很多不确定性，包括莫名的情绪……这些其实是需要整个家庭共同面对的。但在很多家庭里，分配问题并不均衡。妈妈们距离问题更近，承担得更多；爸爸们则距离问题太远，承担得太少。哪怕大刘给老婆讲笑话——看上去很努力的做法——但那种姿态好像在说："我很好，只是我老婆有一些问题。""我在努力帮我老婆解决问题。"

作为一个过来人，我想告诉像大刘这样的爸爸们，在那种状态下更好的姿态是什么，是"我们真的站在一起"。爸爸们应该说："我老婆现在很痛苦，这就意味着我们遇到了一些麻烦。那种痛苦里，有我的一部分。我跟她是站在一起的。"

一位心理学专家向我解释抑郁的时候，描绘过一幅漫画：抑郁的人就好像待在井底，有的人则待在井口对他说："你快点儿出来啊，我把你拉出来。"这是一种姿态。有的人则会跳下去，跟抑郁的人待在一起，说："我也没办法，那我陪你在这里待一段时间吧。"这是另一种姿态。有时候，前一种姿态解决不了问题时，我们需要尝试后一种姿态。[9]

每个人都会经历第一次成家，但很少有人告诉我们家庭意味着什么。后来，我慢慢地理解了，家庭代表的是两个人共同的接受——接受措手不及的一切，以及接受在任何一件事情上都共同面对。但是，初为人父的男性会无意识地倾向于逃避。他们可以逃到工作中，因为要上班，所以睡觉的时候不要吵他，他们甚至都不需要把这句话说出来。他们也可以逃到身为男性的社会角色中：他是男人，笨手笨脚的，坐月子的事，他能帮得上什么忙？这句话的潜在含义是：因为他做不好，所以他可以免责。可是对于女性，不存在这些出口。如果身为妈妈的人都做不好，又能交给谁呢？

所以，刚生下孩子的那段时间里，面对那种无穷无尽的恐慌、无力、失控，妈妈心底的声音不只是"我不行"，而且是"只有我不行"——那是一种被抛弃的感觉。

其实只要了解了这一点，我们就有了一种新的意识：一个新家庭面对的那些困难，落到一个人身上的时候，无论有没有达到患抑郁症的程度，无论有没有进行医学治疗，伴侣最重要的态度都是陪伴。

我跟大刘说可以试着陪伴老婆，他说自己一直在陪伴，一下班就往家跑。我说："你的陪伴看上去是在忍受，是针对一种不好的状态，让自己暂时性地接受它，而你心里一直盼望着这种状态早点儿结束。但产后抑郁，不是你想结束就能结束的。就像感冒，哪怕治疗得当，也需要一个恢复周期。陪伴的意思是，你要正面地面对，把它作为生活的一部分。你可以试着跟老婆说：'我陪着你，不管有没有办法解决，我都陪你一起。因为我们是一个家，因为从今以后，面对这些挑战，都是我们两个人一起。'"

他愣了会儿，问我："就这么简单？"

有时候，解决事情就是这么简单。

正在看本书的你，可以把这一章节单独摘出来给你的家人看看（在本章结束，我特意写了小贴士，帮你跟家人进行沟通）。我也想对一些有抑郁情绪的新手妈妈说，很多时候，他们不是不爱你，只是在用你不想要的方式爱你，他们还没有学会"真正的爱是要用被爱者需要的方式去爱"这个道理。面对关系、面对自己，我们都还有很长的路要走。

可能连我们自己也不知道究竟想要以什么方式得到爱，想怎么样被别人对待，那不妨告诉他们："我现在正处于一段特殊时期，我正在努力地请你对我说'我会陪着你，不管能不能想办法解决，我都陪你一起'。"

最后，哪怕出于种种原因，他们没办法接受改变，也请你不要沮丧，因为无论如何，你都拥有了不一样的人生，你对自己有了更深刻的觉察，你的内心变得更丰富了。

你看见了自己，这已经是生命对我们极大的馈赠了。

因为，终其一生，我们都走在理解自己的路上。

在我生完孩子两年之后的一个下午，我正在查资料，偶然间看到一句话："看见，就是疗愈的开始。"

忽然，我的眼泪流了出来。

那个下午，阳光温和，我从窗户看到小区里三三两两的人在楼下晒着太阳。后来，我在阳台上哭了很久，那时候我已经痊愈了，重新回到职场，孩子健康，家人给力。

但是我依然泪流满面。

那些眼泪，是为自己流的。在人生的某个时刻，你正惊心动魄，但身边的人一无所知；你正翻山越岭，而天地间寂静无声。人生说到底是一场一个人的战争，你走过来，也因此变得强大了一些。

只是，如果可以重来，我希望有人跟我说："你正在经历一些困难，但有我陪着你，不管有没有办法解决，我都会陪你一起。因为我们是一个家，因为从今以后，面对这些挑战，都是我们两个人一起。相信我，我们会好起来的。"

小贴士

产后抑郁的这段经历，我并没有处理得很好，但它给了我一个宝贵的机会，让我想要帮助更多女性去有效应对。创立 Momself 之后，我们请教了一些心理专家，总结出了 10 句可以说的话以及不要说的话，希望以此帮助你和你的家人，让家人更能呼应你的情绪（也许你可以把这些话打印出来，贴在你的卧室里。相信我，它们会带给你力量，会让你知道，在这个世界上，有人在努力理解你）。[10]

关于理解：

可以说：我不一定能完全理解你的情况，但我在努力理解。

不要说：我完全理解你的情况，你这就是……

关于心情：

可以说：我知道在不开心的时候，很难让自己变得开心。

不要说：你总是这么不开心，怎么就不能让自己开心一点儿？

关于想法：

可以说：你无法辨别这些想法是不是真的，因为你被它们包围了。

不要说：这些想法明明不是真的，你怎么总说个不停？

关于痛苦：

可以说：也许外人不知道，但我知道你是真的很痛苦。

不要说：你看你生活得这么幸福，老公宠你 、父母帮你，孩子健康又可爱，有什么可痛苦的？

关于解释：

可以说：这是生孩子之后，自然产生的一种情绪。

不要说：这是生孩子之后，一种有问题的情绪。

关于药物：

可以说：我们试试看，吃药会不会让你好受一点儿。

不要说：赶快吃药，只要吃药就不会这样了。

关于帮助：

可以说：你需要我们做什么？

不要说：我们还可以做什么？

关于陪伴：

可以说：难过的时候，我可以陪着你。

不要说：我都陪着你了，你怎么还这么难过？

关于排序：

可以说：孩子是第二位的，最重要的是你。

不要说：孩子是第一位的，为了孩子，你要快点儿好起来。

关于接纳：

可以说：你可以继续难过下去，这是你的权利。

不要说：你不要再难过下去了，快点儿振作起来。

参考文献

1. 周劼人 . 孕事周记（12）：孕吐，准妈妈都要经历的一道坎儿 [EB/OL].
（2015-09-05）[2020-8-10].https://dxy.com/column/3754.

2. M.J.Mantle, R.M.Greenwood, H.L.F.Currey.RHEUMATOLOGY[J], United Kingdom：Oxford University Press, 1977，16 (2): 95-101.

3. Young G, Jewell D .Interventions for Leg Cramps in Pregnancy[EB/OL]. (2002-1-21) [2020-8-10], https://www.cochrane.org/CD000121/PREG_interventions-leg-cramps-pregnancy.

4. yidan. 一篇文章教你整个孕期都睡上安稳觉 [EB/OL].（2019-11-04）[2020-8-10] https://dxy.com/column/4248.

5. Julio Ponce,Marta Ponce,et al. Constipation during pregnancy: a longitudinal survey based on self-reported symptoms and the Rome II criteria[J]. European Journal of Gastroenterology & Hepatology, 2008, 20(1):56-61.

6. Juan C Vazquez.Constipation,haemorrhoids,and heartburn in pregnancy[J]. BMJ Clin Evid, 2008:1411.

7. 王大米，周严 . 2019 年中国女性围产期抑郁指导手册 [R]. 杭州：Momself，天猫孕产，丁香妈妈，新世相等，2019.

8. 王大米，周严 . 2019 年中国女性围产期抑郁指导手册 [R]. 杭州：Momself，天猫孕产，丁香妈妈，新世相等，2019.

9. 李松蔚，崔璀 . 换个角度，洞悉相处之道 [Z]. 杭州：Momself，2017.

10. 王大米，周严 .2019 年中国女性围产期抑郁指导手册 [R]. 杭州：Momself，天猫孕产，丁香妈妈，新世相等，2019.

2

成为完美妈妈的迷思

我到底是不是一个好妈妈？

mom 当我们陷入某种自我怀疑时，最好的选择是回归自我，倾听内心的声音。

全世界的妈妈都在怀疑自己不是一个好妈妈

生完孩子之后，常常有一个疑问在我的脑海里：我是不是一个好妈妈？然后会发生无数事情，给我一个否定答案。

由于产程过长，小核桃出生时缺氧，一出生就被送进观察病房待了 24 小时。这也意味着，他人生的第一口奶，喝的是奶粉，而不是母乳。

在主张母乳喂养的书里，不断强调新生儿第一口吃到的一定要是母乳："据科学研究表现，妈妈送到宝宝嘴里的第一口母乳不是单纯的奶，而是妈妈向宝宝输送的以两歧双歧杆菌为主的益生菌。两歧双歧杆菌到达宝宝的肠道后，不仅能提高宝宝的消化吸收能力，还能促进其免疫系统发育完善。"

出院之后，小核桃就得了湿疹，本来就丑到让我吃惊的小脸上不断长出一颗又一颗米粒大小的湿疹，后来变成一片又一片。他一定很痒，小手不停乱抓，这意味着我们要时刻盯住他，否则湿疹会被他抓破，渗出血水。

没过多久，他又得了新生儿肠绞痛，一到傍晚便会毫无预兆地大声哭叫，直到他痊愈，我都没有找到可以哄好他的方法，月嫂抱着他，从一个房间走到另一个房间，而他像一只正在战斗的小动物，头牢拉在月嫂的肩膀上，不服输地号叫，每天如此。曾经，我最喜欢黄昏，那意味着一天的工作进入尾声，有种夕阳美好、万家炊烟的轻松感。但自从生了孩子，黄昏就变成了我要努力应对的时刻，因为那是我一天中战斗时刻的开始。小核桃开始哭了，持续两三个小时之后，他逐渐安静下来，给他喂奶，我自己换洗，然后他要睡觉了——这意味着，我又要开始一个反复起夜的夜晚了。

这段经历让我想起某本书里的话："宝宝得了肠绞痛，我为人母所取得的那一点儿微小成就就像捏碎蛋壳一样被轻而易举地摧毁了。"

那段时间，我找遍市面上治疗新生儿肠绞痛的药物，像一个医学专家，研究各种治疗湿疹、红屁股（臀红）的药物成分；有时又像一个街头大妈，抓住认识的每一个人，不放过任何一个民间偏方，甚至还信过"红茶擦洗红屁屁"这种不知道从哪里来的方法——结果小核桃的红屁股更严重了。时至今日，我回想起那段往事，仍然对自己当时的判断力瞠目结舌。

当月嫂用尽方法也哄不好小核桃时，她总会说："唉，怎么就得了肠绞痛呢？"来看望小核桃的朋友也说："好可怜啊，小脸长了这么多湿疹，你看他多难受。"

听到这些话的当下，我的心里总是"咯噔"一下，因为这些话在我的脑海里是这样的：你怀孕时不注意＝体力不支＝产程过长＝新生儿缺氧＝第一口吃了奶粉＝肠绞痛＝湿疹＝你不是一个好妈妈。哪怕我心里清楚，那些同样得了湿疹和肠绞痛的婴儿，有一些是第一口喝了母乳的，但是这丝毫安慰不到当时的我。

我像一个嗅觉灵敏的犯罪专家，抓取任何一个可以证明我不是一个好妈妈的证据，并把它们打印成册，悬挂在家里最显眼的位置。在每一个失眠的夜里，我总在提醒自己做得不够好。到了白天，在精神尚好的时候，我又恢复了理智，会反复思考一个问题：一向注重逻辑、用事实说话的我，为什么会在这段时间里丧失对自己的客观评价？

很显然，不是只有我深陷在这种迷雾当中。据"什么事情，让你觉得自己不是一个好妈妈？"的网络调查显示，妈妈们会因为各种事情觉得自己不够好，比如以下情况：

我因乳腺不通、乳头短小得了乳腺炎，反反复复发作，每次看到他着急吃奶却吃不到的时候，特别责备自己孕期没有学习相关知识。

早上他醒了，但我真的太困太困，不想搭理他，转头继续睡，那时就会觉得，我怎么是这样的妈妈？！

我婆婆一直说我奶水不够，只要孩子一哭，她就说是因为孩子没吃饱。

他生病了，半夜上厕所时想叫我陪他一起，我假装自己没听见，他一个人去了。

宝宝 8 个月大的时候我忽然生病了，必须给他断奶，我很想喂到他 1 岁左右的，现在觉得自己很不称职。

长辈总是各种明示、暗示，孩子长得不够高是因为我没有给他建立良好的睡眠习惯。

宝宝生病了，连续 3 天夜里每隔 1 小时哭闹一次，我压制着缺觉的烦躁安抚他。昨天夜里我终于熬不住了，一边哄他一边烦躁地说："再哭我就揍你！"现在清醒了，我心里感到特别后悔、特别自责。

别的妈妈摄影技能满分，各种拍照片花式秀娃；别的妈妈在娃 1 岁不到时已经带着他出国，云淡风轻；别的妈妈跟娃双语对话、讲故事；别的妈妈超有耐心，各种陪玩不带重样，而我只想着娃什么时候能睡觉，妈妈想去追美剧了。

每一个妈妈，似乎都在心底里进行自我演练：我是不是一个好妈妈？我可能不是一个好妈妈。天哪，我真的不是一个好妈妈。

在《成为母亲：一位知识女性的自白》这本书中，作者描述了这样一个细节，完美演绎了类似的情境。[1]

某天，蕾切尔·卡斯克独自在家照顾只有 6 周大的女儿，她非常疲惫，因为前一晚未休息好，在 10 小时之内差不多给女儿喂了 20 次奶了。她已经在崩溃的边缘，只想让女儿尽快入睡，"想要属于自己的几分钟时间，整理一下那张乱糟糟的脸，在镜子前大声说话，看看自己是不是真的疯了"。最后，蕾切尔崩溃了，她站在摇篮前对着女儿大吼大叫……而 6 周大的女儿则"异常惊恐"地看着母亲……

终于，女儿静静地睡去了，不再需要母亲了，这也使得蕾切尔感到无比羞愧，因为她曾拒绝给予女儿母爱。她疲惫地走向电话旁开始哭泣。后来，蕾切尔向好几位朋友忏悔了自己对待女儿的行为，但朋友们只觉得女儿很可怜，却没有人真正站在她的立场上想过，没人认为她可怜，也没人给予她宽恕……最终，蕾切尔明白了，只能靠自己来消化那些不好的情绪，"作为母亲，我无法得到他人的谅解"。

全世界的女性，在成为妈妈后似乎掉入了奇幻的旅程之中。在阅读《成为母亲：一位知识女性的自白》时，我边看边笑，又感到有点儿伤感。妈妈这个物种，恐怕是世界上最勇敢又最胆小、最无所畏惧又不断退缩的"怪物"了。

是什么在干扰我的判断力?

在查阅了大量资料之后，我渐渐开始理解这一切。

女性成为妈妈之后的转变，一部分来自生理上的变化。女性在生孩子时，体内的催产素会比平时分泌得更多。这种激素会使妈妈和孩子之间建立一种亲密的感情，同时会使妈妈将孩子的感情需求放在第一位。

同时，催产素的分泌也会让我们的注意力变狭窄，导致过分关注孩子、过度要求自己。哪怕是生活中很小的事情，只要跟孩子相关，都会引发妈妈的过度焦虑。

学界就"很多女性生完孩子后，怀疑自己不是一个好妈妈"这个问题展开过各种讨论，针对这种情况，有一个专门的概念——育儿自我效能。这个概念源自美国心理学家班杜拉提出的"自我效能"。育儿自我效能的意思是"父母对自己能成功地组织和完成各种育儿相关任务的能力的判断或信念"。[2] 根据数据显示，我国未经护理干预的初产妇角色适应不良发生率高达 60%[3]，有 51.25% 的新手父母在产褥期角色适应不良[4]。和产前相比，新手妈妈们的育儿自我效能在产后 6~8 周内都有显著降低，养育婴儿的现实困境降低了母亲们的育儿自我效能。

刚刚生完孩子的女性，要面临的现实挑战其实非常多。

生理的变化

需要面对产后身体的恢复，伤口疼痛、身材走样和激素水平激烈变化等。女性生产后的 6 周内是生理恢复期，同时也是产后抑郁的发生期和症状明显期。

角色的变化

需要完成角色转变，从独立个体忽然成为某个生命的第一责任人，但感觉自己没有很好地胜任这个角色。市面上有各种养育信息，而且方法都不一样，新手妈妈会觉得迷茫、混乱。在很多新手妈妈坐月子期间，是由他人（比如月嫂、婆婆）照顾婴儿的，这给她们带来了一部分挫败感——因为她们觉得自己的直接经验没有得到增长。

家庭系统的变化

家里多了一个新生命，与老公的关系也有了区别。随之而来的是，父母重新进入自己的生活中。本来，你以为自己独立了，彻底摆脱了原生家庭的束缚，但在父母重新回到自己生活的那个瞬间，你会发现，原来一切并没有改变。有些老一辈父母并没有及时转变角色，没有意识到"我是来帮你照顾孩子的，是来帮你成为一个好妈妈的"，他们会带着一种主人翁的姿态进入孩子们的生活中，"我养大了你，现在我再来养大另外一个"。

这些变化扑面而来，让新手妈妈们应接不暇。

一部分初为人母的女性在应对这些变化时，会表现出较低水平的育儿自我效能，这会直接影响她们对婴儿的喂养行为，以及她们自身的心理应激与应对能力等。

在我采访的诸多女性当中，这类声音此起彼伏："养育方法各种各样，不知道该听哪个，一旦出现问题，就会有一万个理由责备自己，'我应该用另一种辅食的''要是早培养孩子好的睡眠习惯就好了''他拉肚子一定是因为我没有忌口'……"等孩子长大一些，进入幼儿园，诸多女性又会自责没有花足够的精力培养孩子，没听隔壁妈妈的建议，让孩子从小就学英语、学画画、学古诗。你看，孩子现在输在起跑线上了吧？等孩子幼升小时，没能考上理想的小学，妈妈的自责简直要把自己吞噬："人家都能做到，为什么我家孩子做不到呢？是笨吗，是天分不够吗？当然不是，是我没有教好！我没有按照'虎妈'的教育方式！"

在孩子的成长过程中，各种让人措手不及的情况都有可能出现，如果一直处在这种思维模式下，妈妈恐怕要跟焦虑和自责相伴一生了。

育儿自我效能低，还有一个原因，是社会对于妈妈的传统认知给妈妈们带来的压力。为了弄明白我的不安来自哪里，我在产后阅读了当时市面上能看到的几乎所有的自媒体文章，做了详细的分析后，把这些文章归为三大类：

第一类是树立偶像型：以别人家父母的育儿经验为典型，树立学习榜样。

第二类是威胁恐吓型：批判错误育儿理念，利用恐惧感制造阅读效果。

第三类是唤起焦虑型：以育儿诉求为核心，塑造或限制父母角色及功能。

这些内容的背后，包含着社会对妈妈的坚定期待。传统观念认为，妈妈是包容的、善良的，是一切为了孩子的，应该是平和、喜悦的，总之，妈妈是有"特定的模板"的。这怎么可能呢？妈妈也是一个普普通通的人，一个活生生的个体啊——但这种传统观念在我们的内心根深蒂固。

耶鲁大学的精神病学家、精神分析师芭芭拉·阿尔蒙德在2010年出版过一部颇具争议的著作《内在的怪物：母性的隐藏面》，文中指出"母性既包含正面情感，也包含负面情感"的事实。[5] 但是，这在当代社会是不被接受的，它是一种不能够被谈论的罪恶，是房间里隐藏的怪兽。

阿尔蒙德提出，妈妈和孩子会不自觉地进入社会期待中，这种社会期待会使"做母亲"成为一种负担，因为它给女性带来一种"限制感"。"一个母亲似乎永远在紧张的状态中，因为她们下了如此大的决心，要把每一件事都做到'正确'。她们不能提高音量对孩子说话，不能表现出自己不舒服，不能在孩子面前哭泣，她们在与孩子的交往中应该是永远充满幸福感和愉悦感的。当她们有时忍不住这样做了之后，就会开始困惑，产生自我怀疑、内疚、自责，甚至抑郁。"[6] 她们被限制在母亲的身份中，无法去探索多种可能。

因此，在作为妈妈的漫长过程中，很多女性会在正面和负面的情绪中不断挣扎。与此同时，在产生负面情绪的时候，很多女性会反射性地认为这些负面情绪是不应该出现的，或是不应该被表达出来的。她们会开始不自觉地压抑自己的负面情绪，尽量不对孩子表达出来。

当传统认知设定了种种在母亲这个角色上应有的内容和标准时，一个女性无法自然地去爱自己的孩子，也无法自由地做自己。她不知道该怎么把握这两者之间的平衡，这也会让我们在很多时候彻底迷失——因为追求正确的另一种表达是"你可能随时会出错"。

这种"正确"声音的影响力之大，也同样辐射到了爸爸。我有一个朋友是心理学家，他研习心理学十几年，但也在初为人父的时候迷失了。他说："书里有写孩子3个月会翻身、6个月能坐，9个月就会爬了，可是我家孩子没有一次跟上节奏。我们就很紧张，担心孩子是不是智力或者身体发育有问题。我觉得自己养孩子的时候可能犯了180个错。"

他跟我们说这些时，他的孩子已经快上小学了，我们这些已经被生活磨炼出了一身本领的爸爸、妈妈，早已能够把过往那些经历当笑话一样谈起："你们做心理学实验难道不都是在群体特征中关注个体差异吗？你这样说怎么对得起'心理专家'的名号？"

这位心理学博士摸摸鼻子说："是啊，但那个时候的我，真的很奇怪。"

最好的妈妈就是你

发生的这一切让我好奇，同时也激发了我对于生命本身的探究欲，我想知道我们能怎么办。

我探究了各种原因，同时翻阅了大量资料，最终让我获得一丝喘息的，是著名心理学家唐纳德·温尼科特的理论。他一生接待、治疗过近6万个母婴及家庭，是英国家喻户晓的儿童心理学大师。在心理治疗领域，他对后人理解和认识婴儿和儿童做出了巨大贡献。他提出了一个简单但是重要的观点："信赖你的本能。"[7]

他认为，循着自己的天性去实现亲子间的互动与沟通，才是最好的亲子教育模式。但不少人却告诉母亲们，你们把孩子养得太瘦了，或是在你们应该怎么和周围人相处等事情上，做出了各种指示。这其实是对母亲的极端否认，否认了她们天生就会"善尽母职"。温尼科特指出，"照顾孩子，是我们天生就会做的事情。这件事虽然平凡，却非常重要。其绝妙之处在于，我们不必很聪明就能够做得来，只需要你爱你的孩子。也许你也了解很多育儿的资讯，但你知道得越多，只是越有利于你信赖自己的判断。当一个母亲相信自己的判断时，她会做得最好。"

例如，哺乳的时候，在正常的状态下（当母婴都健康时），喂奶的技巧、次数和时间都可以顺其自然。这是指喂奶时母亲可以给宝宝一点儿自由做主的空间，让他顺其自然地吃奶。宝宝会用对的速度喝正确的量，也知道该何时停止。宝宝的消化和排泄都不必被外人监控。在这种情况下，母亲从宝宝身上学到育儿心得，宝宝也从她身上了解了母亲。双方会通过彼此的接触，通过对双方情感的联结，了解彼此的需求和节奏。这就需要我们掌握一些技巧，学会怎么捕捉孩子的需求。

在抚育孩子的过程中，其实我们不必过于担心，我们要相信孩子与生俱来的本能。我希望妈妈们能知道，孩子的成长并不需要完全依赖你，因为他们自己就拥有无限蓬勃发展的生命力。"在每个小婴儿体内都有生命的火苗，那是生命的成长和发育生生不息的强烈欲望，也是小宝宝与生俱来的本能。"在《妈妈的心灵课——孩子、家庭和大千世界》中，温尼科特举了一个特别形象的例子：就像你想栽种一株水仙花，其实并不需要揠苗助长，"你只要把球茎放进去，覆盖肥沃的土壤，浇适量的水，其余的顺其自然就好。因为球茎蕴含了生命力，自然会开花"。其实，孩子就像球茎一样，都有蓬勃的生命力，而这种生长的责任其实并不在妈妈身上。

可是，有些妈妈似乎以为孩子就是自己手中的陶土，自己则是一名陶艺家，于是从婴儿期开始，妈妈就想着要塑造孩子，并认为自己要为最终的成果负责。这种想法可真是大错特错了！如果你也是这么想的，那么你就会被一些本不属于自己的责任压得喘不过气来。如果你相信宝宝具有"发展的潜能"，你反而能从容地陪在他身边，欣赏他的成长，发现他带给你的乐趣，并且享受地回应着孩子的各种需要。

后来的每一天里，我都更加理解了温尼科特的说法。

在小核桃只有 5 个月大的时候，某个夏天的午后，我午睡醒来，阳光照进房间，客厅的空调开着，凉气丝丝缕缕地传进卧室。我正打算享受这夏日午后的闲暇，小核桃却动了动手脚，他也醒了。我瞬间清醒了，心里一紧——爸妈因为老家有事儿赶回去几天，这意味着只有我跟小核桃两个人在家，如果他哭呢？如果我哄不好他呢？因为我的孕期一直是在创业的高压下度过的，情绪起伏也很大，所以影响了小核桃。小核桃一度被月嫂形容为"她带过的最能哭的孩子"，这让我对他的哭喊有一种复杂的情绪。

他像猜透了我在想什么，很应景地哭了。

就在那一个瞬间，我忽然想到一位做婴儿观察的心理学家描述过的场景：孩子在怀里不断挣扎着，一位妈妈一只手抱着孩子，另一只手在包里快速找着水瓶。这位妈妈的身体是机械的、僵硬的，同时表情还很不耐烦，好像想马上摆脱孩子的哭闹。最后，妈妈找到了水瓶，也将水瓶塞到了孩子嘴里，但是没有柔声呵护他，也没有亲亲孩子，更谈不上慈爱地注视着自己的孩子了。这位妈妈在东张西望，表情依然很不耐烦。对这个孩子来说，自己的哭泣是无人关心的。

这个场景同时让我想起了"信赖你的本能"这句话。已经有无数心理学实验证明了，婴儿对妈妈的依附和跟随不只是因为妈妈喂养了他，也不是很多妈妈认为的让婴儿吃饱就行了，他需要的更多是体验到和妈妈同频、融合的亲密。温尼科特说："照顾婴儿是妈妈天生就会做的事情，如果你爱你的孩子，他就已经有了一个好的开始，你也就开始做妈妈了。"

这么想着，我转过头，看着小核桃，对他说话——我从来没这样对他说过话。因为小核桃每次哭，家里人都会第一时间进入战备状态，喂奶的、换纸尿裤的、递水的。我跟他说："宝宝，你醒了，你看外面阳光真好啊，因为太阳快要下山了，云彩都变成了粉红色。"

我没有起身，甚至连身都没翻，只是拉着他的手，轻轻抚摩他的背，躺着跟他说话，像他能听懂一样。

我的声音很轻柔，抚摩他的节奏很缓慢，连我自己都被安抚到了。

他撇着嘴，眼睛看向我。我看着他的眼睛，带着笑，轻声细语跟他继续说着。他转过头，顺着我手指的方向，看向了窗外。很快，哭声停了下来。

我们就这么躺着，看天看云。那一刻太过美妙，以至于时隔多年，每当有人问我做妈妈是什么感受时，我都会第一时间想起这个时刻。

那是我第一次觉得挡在我跟好妈妈之间的一道门被打开了。我没有掌握更多的技巧，唯一的变化，是我开始有一点儿放松了。我第一次切实地接受"宝宝是一个蓬勃发展的小生命"这个想法，我响应着他的需求，同时从容自在地在一旁欣赏他的成长。这好像让我变得更有智慧，面对宝宝时也更有办法。一段时间以来，我只是一门心思想要做一个好妈妈，每个细胞都很紧张，充满斗志，却从来没有真正享受过这个身份。

我放松下来的那一刻，小核桃也变成了天使。生命之间的感觉会互相传递，更何况是这个曾经与我融为一体的生命——他在很早之前，就已经在感受我了。

体会过这样的时刻，你就会真正开始相信最好的妈妈就是你。

跟孩子保持同频，妈妈也得到了滋养

后来，我访谈过很多妈妈，不断地把上文的理念分享给她们。很多妈妈愿意相信最好的妈妈就是自己，但唯一的难点是，她们不知道应该怎么相信自己的本能——我们追随"应该"这个词太久了，已经忘记了如何还原本质。

心理学家周海松给了我一个非常直接的建议——她从事婴儿观察多年——建议妈妈跟孩子保持同频[8]，意思是父母和孩子处在同一个频道上。她打了一个比方，孩子出生的过程，就好像从太空舱被挤了出来，来到这个有地心引力的世界，突然从飘浮的状态来到地面上，突然从跟妈妈融为一体到分离。在很长一段时间里，孩子和妈妈从身体感受到心理感受都处于一种混沌状态。所以在这个阶段里，妈妈需要做的就是帮孩子确认这种感受：类似在子宫里的那种同频、融合的感受。这样，孩子会感受到温暖，产生安全感，妈妈和孩子之间的情感也会流动起来，孩子就会对外在世界形成正面的期待，能够享受和表达情感。他会培养出很顺畅的亲密能力，这种能力也会滋养妈妈。

海松老师对我最直接的帮助是，从方法论上，让我具象化地理解了"信赖你的本能"。

回想起来，当我理解了同频，我好像开始知道发生了什么：这种同频，发生在每时每刻，比如吃奶时。孩子从子宫出来，来到世界上，首先就要确认存在和被满足。孩子全身第一处发展起来的肌肉是嘴，那是他唯一能得到满足的肌肉，所以他需要通过吃奶等方式去进行自我探索，确认自己的存在以及安全感。

我一度相信过市面上关于"要在固定时间喂奶，不能孩子一哭就给奶吃"的说法，所以小核桃哭的时候，我甚至觉得他是在用哭喊要挟我，这让我感到烦躁不安。喂奶，对我来说，变成了一件有压力的事情。

后来，小核桃的哭喊、吃奶的频率，对我来说有了另一种含义。"原来你在确认安全感啊，"我一边喂奶一边跟他说话，"那这一次你慢慢吃，妈妈会一直在。吃完后，你自己待一会儿，妈妈有点儿累，也想休息一下。"

不知道是我的平静影响了他，还是同频安抚了他，这个在我肚子里时激烈折腾、一听到董事长的声音就大哭的婴儿，从某一天开始，找到了跟我联结的方式。

同频，对我来说，就是不抗拒。

拥抱，也开始变得充满意味。在小核桃还小的时候，安抚他最有效的方式是把他轻轻地抱在怀里，想象我们在太空舱里，轻微地摇晃和移动。那种感觉，就像两个人在跳一种非常默契的双人舞。后来，他长大了一些，我已经没办法常常抱起来了，每次他哭泣时，安抚他的方式就变成了用手轻轻抚摩他的后背——注意，是抚摩，而不是拍打。在海松老师的同频理念中，拍打传递出的是分离感，轻柔地上下抚摩，才是能带给他安全感的方式。你仔细观察后会发现，拍打孩子的时候，传递出的是一种"快点儿好起来"的急切感，心底某个地方是在抗拒对方的情感；而上下抚摩向孩子传递出的感觉是"亲爱的，我在"。

上下抚摩这种方式被称作人类之间最原始的"对话"。

我想邀请正在阅读本书的你体验一下这种感觉：请你伸出自己的一只手，轻柔地抚摩另一只手，没有任何力量和速度上的变化，孩子在生命的早期就处在这样的节奏里，他需要的是一个同样的节奏和他相遇，这就是"同呼吸、共命运"，孩子就会感到亲密。

还有声音上的同频。很多妈妈会说她们不知道怎么跟孩子相处，对那个像小动物一样的婴儿不管说什么，他好像都听不懂。最简单的同频方法，就是孩子在咿咿呀呀的时候，我们也跟着咿咿呀呀。由于我在孕期经常处于高压状态，小核桃是一个先天性格有点儿狂躁的孩子，所以在小核桃很小的时候，我会跟他聊很长时间，用某种"外星语"。他烦躁的时候，哭闹的时候，咿咿呀呀不知所云的时候，我知道，那是他在召唤我。我会躺在或者趴在他身边，完全放松，跟他保持同一个节奏。后来他长大了，我从来没有对他说过"这有什么好哭的"，甚至从来没有这样想过——妈妈的本能是心疼孩子的，只是我们太紧张了，总想第一时间结束孩子的悲伤。与其说同频帮我练出了一种本领，让我可以持之以恒地释放亲密的信号，不如说同频帮我找回了自己原始的本能，那就是爱他。

你发现了吗？对我来说，养育孩子的过程，也是自己再次成长的过程。

这很重要。我们本身被安抚到、滋养到，是成为妈妈的这个过程中最重要的事情。神奇的事情会在你被滋养以后，逐一发生。

还记得《成为母亲：一位知识女性的自白》里筋疲力尽的作者蕾

切尔·卡斯克吗？在她身上，也发生过神奇的事情：某天，一位正在进行有关新手妈妈育儿感受研究的女研究员来到了作者的家里，想对她进行采访。但是很不凑巧，她开门的时候宝宝正在哭。她以为女研究员会让自己赶紧去照顾啼哭的宝宝，可是女研究员没有，只是问她最近是不是感觉自己筋疲力尽。确实是的，这位母亲感觉自己最近的生活，以及整个人都是乱糟糟的，"梦里全是喂奶与哭声"。这时，好像出现了神奇的魔法，眼下宝宝已经不哭了，并且睡着了。作者感觉这位女研究员就像来自另一个世界，能够轻而易举地解决自己生命中的难题。最后，女研究员离开时对作者说："不论宝宝什么时候哭，记得在为她做点儿什么之前先为自己做点儿什么。"

无论发生什么，记得在为孩子做点儿什么之前为自己做点儿什么。关照孩子之前，记得关照好自己。我们是妈妈，更是我们自己。

5年之后的某天，小核桃要动一个小手术，需要住院两天，晚上是我陪床。病房里只剩下我们两个人——所有人此时都已经相信，我是最容易抚慰小核桃的人。我跟他聊了会儿，玩了属于我们的小游戏，洗漱后就上床了。因为第二天做手术不能喝水，所以他睡前喝了好多水，结果没睡多久，就醒来要小便。他叫了我一声，我平静地应他："地灯一直开着，洗手间里的灯也开着，你慢慢走。我很困，想继续睡一会儿。"

他犹豫了一下，竟自己去了。后来的一整夜，我睡得迷迷糊糊，听到他自己起来了两三次，那时我有过一秒钟的犹豫，是不是应该陪他？但下一秒，我告诉自己，相信你的本能，如果你认为他可以，如果你不想勉强自己，那么就相信这一切。那时的我，已经深谙"享受妈妈的身份"之道。而且，我们经过 5 年的相处，彼此都确认了足够的安全感。

我静静睡着，他轻轻起身，从洗手间出来后，他走到我的床边，亲了亲我的额头，然后悄悄爬回自己的床上。

第二天，我问他："你每次下床都来亲亲我，是吗？"

他说："是的，我想你的时候亲亲你，我就变得很勇敢了。"

手术结束，麻药劲儿过了后，小核桃痛得哭了起来。我躺到他身边说："真的很痛啊。"我一边和他保持同频，一边用手轻轻抚摩他的后背，他渐渐平静下来，睡着了。我已经有足够多的当妈妈的知识了，我知道妈妈给予孩子足够的拥抱，能触发孩子体内血管升压素的释放，可以唤起孩子积极的情感，增强他对疼痛的忍受力。即使不知道这些知识，难道我们就不去拥抱自己正在忍受病痛的孩子了吗？

医生说，小核桃是当天进行手术的孩子里病症最严重、痛感也最明显的，但他是痛感消失得最快的孩子。而我，虽然在陪床，但也睡得不错，他出院的那天，我也精神满满地去上班了。

直到今天，我仍然会在很多瞬间下意识地质疑自己没有做好妈妈，但下一秒，我会告诉自己，放松下来，只要去做就好。

因为我知道，如果我成为一朵轻松的云，孩子也会变成一阵温柔的风。

小核桃住院那天，我们一起写了一首小诗，我说一句，他说一句，放在这里，以此纪念我们的爱。

宝宝和妈妈在医院

你住在我肚子里的那段时间，是我这辈子最勇敢的时候。

虽然我每天上幼儿园，但我永远永远永远爱你。

后来你出生了，我变得好胆小。

虽然我叫你妈妈，但是感觉你像我的姐姐。因为你的脚有点儿小。

你的屁有时候很臭，但又有点儿可爱。

虽然你拉臭臭的时候好慢，可是你挺好玩的。

你是来做客的，是我生命中很重要的客人。但你有一天会离开，所以我要好好招待你。

妈妈，现在你是我的作者，有一天，我会是你的作者（询问了他，小核桃的意思是：现在妈妈写得很厉害，但有一天，他会写得比妈妈厉害）。

你做小手术的那一天，因为麻药还没醒，你闭着眼，我看着你，心想，你开始面对这个世界了。

虽然你每天看手机，但我觉得你像我的妹妹，因为你太瘦了。

你的麻药劲儿过了，醒来冲我笑，我好不容易忍住了眼泪。

谢谢你，多亏你陪着我住在医院里，要不，我会很想你的。

跟你并排挤在你的病床上，我们俩都跷着二郎腿，我想，原来跟你在一起的日子，都是奖赏啊。

妈妈，我知道，你会永远永远爱我的。

你知道永远是多远吗？

妈妈，你知道吗？你永远是我的另外一半笑容。

那你知道，爱是什么吗？

妈妈，你知道吗？幸福是马路边吹过的风。

我能做些什么，让你没那么痛吗？

我只要想一下你，或者你想一下我，就不痛了。

2019 年 8 月

小核桃 5 岁半

拒绝失去自我：我是妈妈，更是我自己

`mom` 人生能有真正喜欢做的事，不比恋爱中的心动更容易，所以不要怠慢它。

是什么束缚了我们？

我年轻的时候看过《廊桥遗梦》，其中梅丽尔·斯特里普饰演了一位家庭主妇，她的全部生活就是煮饭、洗衣服、照顾丈夫和孩子。她偶尔听一首喜欢的歌，会被孩子毫不犹豫地换掉，她也不作声，等孩子和丈夫离开，她会再把电台转回去。光着脚在屋外吹风，似乎是她离自己最近的时刻。即使她每天围着家团团转，孩子们也几乎不跟她交流。一天，村子里出现了一名摄影师。这名摄影师成了主妇挚爱的情人，他们亲密无间地相处了几天几夜，后来摄影师邀请她一同离开，远走天涯。她收拾好了行李，但最终还是放弃了。她那么爱他，但最后对他说了一句话："你知道吗？一个女人一旦选择结婚生子，一方面是她生命的开始，但另一方面，更多的，也是结束。"她在影

片里说，自己没得选。

大概是斯特里普演得太好了，"结束"这个词深深地烙在了我的脑海里。

那年，我单身未婚，对婚姻和怀孕充满了未知的期待和恐惧。就像现在，很多年轻女孩跟我说自己不想生孩子，是因为听了太多这样的声音："生活中充斥着孩子、工作、家庭、老公，完全没有自己的时间。""没时间和朋友出去放松。""要给孩子花不少钱，自己的生活质量会受到影响。""忙到忘记吃饭，挤时间做家务，没心思装扮自己。""感觉自己的生活要画一个句号了。"

我的一位女性用户曾给我留言："11岁的大女儿在厨房门口给我读她喜欢的作品段落，我突然想起曾经自己也是这样喜欢读书，还在高考全省文科排名中名列前茅。在年少的时光里，我从没想过自己会成为一个保姆，而且是无薪的，一做就是19年。老公说我不是保姆，我觉得他说得对，因为我还是司机、家教、家庭医生、清洁工、厨师、采购、总招待等。我问他'你想过自己有一天会成为一个保姆吗？'他没回答。他肯定从没想过，因为他是每天都想着去拯救世界的人。"

每次听到这种声音、看到这种话，我总会一遍一遍地对她们说："别忘记，我们是妈妈，我们更是自己。"

但这句话会引发更多声音："是啊，我们也想做自己，但是太难了。妈妈这个身份承载了多少，难道你不知道吗？"

我知道，并且我也经历过这种吞噬感，甚至到现在我也不敢说自己在"妈妈"这个身份上拥有了完全独立的意志。但是，随着我对这个身份和身份背后的束缚理解得更多，我离自由也更近了一步。

究竟是什么让我们觉得做自己这么难？这种束缚感从何而来？

如果深究，你会发现，"妈妈"这个身份充满了生理层面和社会文化层面的惯性。

生完孩子之后，各种和生殖有关的激素会使我们的大脑产生变化，妈妈们会把跟孩子相关的认知排在大脑认知的第一序列，对孩子的需求变得更加敏感，所以深夜孩子一翻身，妈妈就容易惊醒，但爸爸则毫无反应。也正是因为这种"母性直觉"，忽然让我们变得仿佛有了三头六臂——从繁忙的事情中抽时间，带孩子去看医生，准备着问医生的问题，还能随时在大手包里拿出零食和玩具来哄孩子——这种生理层面的变化，让妈妈不自觉地成为我们生活中的主要身份。

除了生理层面的惯性，社会文化层面的惯性也对我们有很大影响。

著名社会学家和人类学家费孝通先生在《生育制度》一书里对这一社会发展路径做过详细的分析：原始社会是单系抚育结构，抚育一般是由母体单独负担的。这是因为在生理层面上，雌雄生殖细胞就存在区别，雌性生殖细胞含有幼小生命体所需要的营养，而雄性生殖细胞则不具有。但是，为了人类能生存下去，群体就要提高效率，因而就产生了分工协作，其中就包括养育后代。为了保证人类社会的延续，孩子必须有人抚育，需要有抚育的基本团体。而这个基本团体一般是由一男一女组成的。所以在生育孩子之前，抚育的基本团体必须先组成。[9]费孝通先生将这种男女相约共同担负抚育所生孩子的责任，定义为婚姻。

有了婚姻，组成了家庭这个单元之后，就牵扯到了分工。但是，为什么甲要带孩子，把更多的时间放在家庭中，而乙却不做这种事，在外面狩猎、社交呢？分配工作必须有个能说服被分配者的理由。这个理由多少要根据甲和乙原本有一些不同来建立，例如年龄、性别、皮肤的颜色，甚至各种病态等。而性别可以说是最普遍的理由了。

不只是在中国，美国著名经济学家和社会学家加里·S.贝克尔曾提出"产出互补"的家庭经济理论：丈夫和妻子各司其职，分别经营市场和家庭，因此比分开经营更富有成效。

绝大部分人在按照这种性别分工开展自己的生活。直到现在，在一些特定的地区，还有"男做女工，一世无功"的说法。照顾孩子、搞卫生、做饭和开家长会，我们默认这是女性要去完成的，而社会对男性的期待是他在事业上闯出一片天地。女性向前一步，坐到谈判桌前，渴望在事业上有更多成就，会被人质疑是否太自我，不顾家庭。

全球最有影响力的女性之一，脸书的首席运营官谢丽尔·桑德伯格在2011年巴纳德学院的毕业典礼上，说了一段话："女人几乎从来不会突然做出离开职场的大决定。她们在一路上做了数个小决定，最终把她们带到了辞职的境地。或许在医学院的最后一年里，她们说：'我会选一个不那么有趣的专业，因为某一天想要工作和生活能平衡一些。'或许在一个律师事务所工作的第5年，她们会说：'我甚至都不能确定我要不要去争取合伙人的位置，因为我知道自己最终是会想要孩子的。'这些女人甚至还没谈恋爱，就已经在寻找生活和工作的平衡了，甚至为她们还没有承担的责任开始寻找平衡。从那时候开始，她们就默默地退缩了。"

理解了社会的这种新陈代谢，也就在一定程度上理解了为什么我们成为妈妈后，会无意识地去迎合某种期待。这是社会发展带来的惯性。

社会的新陈代谢从来不会，也永远不会停止。未来，社会会发展到哪一步呢？

在过去的几十年里，工作的女性数量一直在增加。1980 年，25~54 岁的女性在就业或寻求就业的平均比例为 54%；2010 年，这一比例已升至 71%。在《百岁人生：长寿时代的生活和工作》一书中，作者发现加里·S.贝克尔提出的"产出互补"及其基于性别的劳动分工的重要性和被大众认可的适当性下降得非常明显。

当吸尘器、冰箱、洗衣机、洗碗机和已经做好的食物出现在我们的生活中时，女性可以不必专门在家工作。随着医疗的进步，未来可能连生孩子都已经不是女性必须亲自完成的事情。现在，女性进入职场的比例越来越高，女性企业管理者更加积极地参与着商业运作，女性主义者也不断发声，号召"在任何一件事情上，实现男女平等"。

我这本书的诞生，一定意义上也可以算是社会新陈代谢的产物。

所以，我们可以得出这样的结论：人类社会开始时的"男女分工""妈妈就是要为家庭付出更多"观念是因社会需要而产生的，那么随着社会发展至今，这些观念不再是一成不变的了，至少早已松动。我相信，你的身边一定有不少女性朋友，她们发展出了不同的人生路径。

也许，是我们不想或者不知道如何做出改变

当我欣喜地把女性在社会中有更多选择这个结论分享给一些女性朋友时，却被泼了不少冷水。我发现，不管我怎样引经据典、用数据模型来论证多样的选择在事实层面已经存在了，一些朋友还是被"妈妈就该是这样，女性就该是这样"的观念影响，她们仍然坚信自己毫无选择。

我这才意识到，理念层面跟事实层面的差距，这是女性被束缚的一个关键原因。

美国社会学教授亚莉·霍希尔德的著作《第二轮班》，探讨了双职工家庭内男女之间的休闲差距。她在书里提到了一种现象："确实是由于男人根深蒂固地不情愿洗衣服或者做三明治，但另一部分原因也是女人同样根深蒂固地不情愿放下这些任务。比如，她们一定要顺手折叠洗好的衣服，或者不愿意让孩子在学校里买午餐吃。她们认为自己没有别的选择。"

胡晓红在《两性和谐的哲学理解》一文中强调，父权文化不愿意去做家庭的事情，而是在统治和奴役女人，同时还把这一事实内化为女性的心理和观念，让女性群体对自身的生存处于"集体无意识"的状态中。[10]

当我的朋友朱莉第 4 次跟我聊起她是否要回归职场时，我发现不管自己说什么，她都坚持认为，如果回归职场会发生很多不可控的意外。比如，孩子会不适应，公婆对此会有想法。她嫁给了一个"富二代"，毕业没多久就全职在家，养育了一双儿女。她是因为爱情而结婚的，但后来发现，当她的生活中只有孩子和老公时，老公却因为工作越来越忙，对她的关注越来越少。每次他们为此争执，婆婆总是不断暗示她："你老公赚钱养家很辛苦，你不要作来作去的。"

从大儿子上小学开始，她就计划着改变，一晃 3 年多过去了。她按照每年一次的频率约我聊这个问题，我每一次都坚定地支持她回归职场。直到聊到第 4 次，在排除了很多事实层面的难处之后，她还是犹豫不决时，我忽然意识到问题所在了。我停下来，盯着她的眼睛说："不是你没得选，而是你根本不知道要怎么选。你不知道自己适合做什么，不知道自己要做什么工作。因为没有方向，所以你更愿意停留在当下，毕竟这里最安全，而未来充满未知，是吗？"

那是朱莉第一次不再对我说"可是"。

外在的社会文化层面的改变已经发生，这时我们恐惧未来，不敢前行的唯一原因，源自内在。除非我们看清楚，我们生命中的"北极星"到底在哪里，否则，改变不会发生。

我们经营企业的"北极星"是战略，战略先行，战术跟上。如果战略不清晰，员工再忙也不得其法。人生也一样，如果方向不对，再努力奔跑，也永远到不了你想去的地方。

如果你深陷当下，想改变却总有无力感，最好的方法是确定你生命中的"北极星"。

找到人生的"北极星"，享受做自己的感觉

我是在成为妈妈之后开始创业的，可以算进入了人生的下半场。在生孩子之前的 10 年里，我一直是一个职业经理人，按照某种既定的路径生活，认真工作，使命必达。我所从事的领域与财经相关，那不是我最感兴趣的，但这好像也并没有影响我太多。我在很长的一段时间里，都没有思考过自己最感兴趣和最适合做的是什么。

日子就这样一天天飞逝而过。

成为妈妈之后，有一天我在给孩子喂奶时，他在我怀里努力吃奶，每一口都用尽全力，然后他慢慢睡着了。盯着他的小脸，我忽然不经意间想起两个问题：在他眼里，我希望自己是一个什么样的人？在我自己心里，我希望自己是一个什么样的人？

就在那个下午，这两个问题像从石头里蹦出来一样，虽然很小，但是它在我的脑海中长久地盘旋。

这就是生活中最有趣的地方，当你意识到存在某种问题时，便离解决问题不远了。我花了几年的时间，细细碎碎地研究关于人生"北极星"的问题。

在《斯坦福大学人生设计课：如何设计充实且快乐的人生》一书中，作者提到了两个概念——人生观和工作观，帮我进一步梳理清楚了对人生"北极星"问题的思考。

人生观听起来好像很高深且虚无，实际上每个人都有自己的人生观。在《斯坦福大学人生设计课：如何设计充实且快乐的人生》一书中，作者提出了以下几个问题，帮助我们梳理自己的人生观。[11]

是什么赋予了人生的意义？

是什么让你的生活充满了价值？

你是如何和你的家人、你所在的社区，以及整个世界建立起联系的？

为什么金钱、名誉和个人成就会提高你的生活满意度？

在你的人生中，阅历、成长和成就感重要吗？

这些方面有多重要？

正在读本书的你，不妨也花点儿时间仔细思考这几个问题。毕竟，我们终其一生都在成为自己，而人生观是理解自己最重要也是最基础的一步了。

找到人生"北极星"的第二个重要步骤，是明确自己的工作观。工作，在我们的人生中占据了很多精力和时间，给我们带来的回报和价值感也几乎是最大的。有明确的工作观，找到"完美的工作"，对一个人来说是再幸福不过的事情了。请你试着回答一下《斯坦福大学人生设计课：如何设计充实且快乐的人生》里列举的这几个问题：

工作是为了什么？

工作意味着什么？

工作与个人、他人，以及社会有什么关联？

好工作或者所谓有价值的工作是什么？

工作和金钱有什么关系？

一个人的经历、成长、成就感和工作有什么关系？

我在创业之前，从事了 10 年内容运营的相关工作，后来我逐渐意识到自己虽然做着一份有价值的工作，但是总有一种"在过他人生活"的感觉。我一直都以我的老板——著名财经作家吴晓波先生为我的人生导师，我很欣赏他的才华，也在努力追寻他的前进方向。但是，财经研究并非我擅长和喜欢的领域。后来，我意识到，我认可他的思想，但这并不意味着我必须和他走同样的路。

我记得有一天开车回家，黄昏时分，我在广播里忽然听到一个成语——慎终追远。这是《论语·学而》中曾子说的。我心里一动，问自己，如果有一天我死了，我希望自己的墓志铭上写什么？我希望在离开世界后，我的墓志铭上写的不是一个完美的妈妈，也不是一个尽职尽责的职业经理人，而是"她为女性成长事业奋斗终生"。

那天的落日格外壮丽，我从落日中看到了自己的"北极星"。

也是从那天起，我试着重新设计自己的人生。

自己的人生，关键词在于"自己"。

我最擅长做什么？我的优势和才华是什么？我能通过什么实现人

生意义和财富？这些是我反复问自己的问题。幸运的是，在《现在，发现你的职业优势》一书中，我找到了答案。作者认为，成功的人生，在于能否准确识别并全力发挥你的优势。而优势，就是你天生能做一件事，不费劲，比其他一万个人做得好。它由才干、技能和知识组成，其中最重要的，是才干。[12]

这些观点直击我的内心。我从事管理工作的这些年，常常有年轻的同事向我诉苦，说自己不喜欢现在的生活和工作，一点儿也不喜欢。我每次都会问他们："那你喜欢什么？"他们会说："我好像只知道自己不喜欢什么，不知道自己喜欢什么。"

管理学大师彼得·德鲁克先生说过，大部分美国人不知道自己的优势何在，如果你问他们的优势，他们就会呆呆地看着你，或文不对题地大谈自己的具体知识。

我记得某位著名编剧说过一段话，大意是他认为这个时代的竞争不是很激烈，因为在他的人生经验里，很多行业里有95%的人没有那么喜欢自己的行业，所以对5%真正喜欢这个行业的人来说，竞争并不残酷。只要一个人喜欢做这件事，就会投入持续的热情，他便能很轻易地赢过别的选手。

发现自己的才干，只是第一步。

在当时的岗位上，我做得不错，如果不是因为成就突出，也不会一路升职，23岁时就做到总编辑的职位。其中有一个重要原因是我最突出的才干——有责任感，即交到我手里的事情，我会不计代价地去完成，但这不意味着这就是最适合我的工作——在发挥作用。

积极心理学奠基人之一、"心流"理论的提出者米哈里·契克森米哈赖说过，当人们完全沉浸在某件事情中，并在做完这件事之后，内心有一种充满能量且非常满足的感受，这种体验就是所谓的心流。

能做到让自己发挥才干并产生心流的工作，才是最适合自己的完美工作。

综合研究了各种资料后，我给自己做了一个问题列表。

沉浸：什么事情是你沉醉其中且感觉不到时间的流逝，即使牺牲休息时间也要完成的？

主动：你是否愿意为了它不断学习新的知识，并且挑战自己？

满足：做完这件事之后，你是否充满巨大的满足感和成就感？

回报：由于这件事你完成得非常好，它是否给你带来了满意的回报（金钱或者名誉）？

在思考这些问题之后，我又花了两三年的时间，慢慢转型成为一名女性成长平台的创始人——我依然在做同样的事情——表达分享，传播知识，成就他人。我不再模仿别人，而是开始做自己了。

在这个世界上，以及我们的大脑里，总有各种强有力的声音告诉我们应该做什么、应该成为什么样的人，因为有很多人给我们树立了榜样，我们一不小心就跟随他人的方向，复制着他人的生活。想要避免这种情况，最好的方法就是清楚地阐述自己的工作观和人生观，为自己创建一颗独一无二的"北极星"。

现在，我找到了自己的"北极星"。

但是，这一生还很长，人在每个人生阶段都会对自己有新的认识，所以直到今天，我也仍然在不断明确"北极星"的方向。但不得不说，写这本书，就是我明确了"北极星"之后的选择之一。写书结合了我的才干，让我体会到了心流。这种感觉太爽了。

人生能有真正喜欢做的事，不比恋爱中的心动更容易，所以不要怠慢它。

最后一次跟朱莉聊是否要回归职场这个问题时，我跟她说："你仍然可以选择为家庭付出全部。但我们想要看到的是，这是你在拥有自由意志下做出的主动选择，而不是因为'生来就必须这样'。我并不否定做全职妈妈。做全职妈妈还是职场妈妈，只是一个人的选择，没有对错、高下之分。但不管做哪种选择，一定要出于自己的独立性——独立的意思是你有选择的自由。我向来不主张女性把'为家庭付出一切'作为某种交换的条件。'我都是为了你们'，这种依附感和牺牲感会让人拼命地想抓住什么，抓住老公、抓住孩子，很多关系就是被它破坏的。因为'抓住'的对应词是'逃离'。"

改变只会发生在那些想要改变的人身上。

时隔半年之后，朱莉告诉我："今天我老公出差回来，我去高铁站接他，路上忽然想到我只是抽空去接他，而不是从早到晚专程等他回来。这种感觉，让我高兴得想哭。"那时，朱莉已经成为一个小网红，凭着天生的漂亮脸蛋和对护肤品的热爱，她在社交电商这条路上走出了自己的人生。

人生的"北极星"会给人带来某种坚定感，虽然人生中会遇到各种困难，但如果方向明确，剩下的就只是不断精进思维、解决问题。

钱锺书先生有句话我很喜欢，大意是"乐"总是"快"的，心理上时间的长短证明了自己对于某段时间的快乐程度。对我来说，人生的目标和意义不是想出来的，而是做出来的。《浮士德》中说过："是的！要每天每日去开拓生活和自由，然后才能作自由和生活的享受。"

正是在这些时候，我从妈妈的身份中找到了自由意志。

有情绪，并不是我们的错

mom 在任何身份之下，我们都有义务理解自己的情绪、弄清事情的真相。

情绪劳动，是妈妈的负担

我第一次感受到因性别不同而带来的压力，是升职为高管没多久时。有一次，我们团队去谈一个大项目，3 小时的谈判中，我跟对方因为一些合作细节争得面红耳赤。结束后，在回程的路上，同事开车时忽然说："没想到你还挺有攻击性的。"

我坐在后座，想了半天，不确定这句话是褒还是贬。

没过几天，因为预算问题，一位男同事在高管会上跟财务起了争执，拍了桌子，我听到旁边有人说："哎，他蛮有领导力的。"

这时，我忽然想起了同事对我的那句评价。我们都在努力捍卫自己工作的权益，尽力争取，但面对同样的表现，女性管理者收到的评价跟男性管理者收到的却并不一样。

后来，我在创业时结识了很多女性创业者，发现大家都在商业社会里拼杀得气喘吁吁，谁也没有因为自己是女性就轻易饶过了自己。一次聚餐时，一个女性朋友喝了几杯酒，有点儿不忿地说："我从小就被教育着女生要温柔可人，不能咋咋呼呼、大声吵闹。创业争分夺秒的时候，公司现金流快断的时候，团队跟不上节奏的时候，所有投资人都说：'你要更强悍一些，要快。'这时候可没人说：'哦，你是女生，不要着急。'有一次，我在会议上发脾气，听到男下属在楼道里跟家人打电话说：'啊呀，我今天要加班了，我们那个女老板，大概今天是特殊日子，心情不太好的样子，情绪特别不稳定。'你们猜怎么着！就是同一个人，我面试他的时候，他说女老板拥有明显的特质，比如敏感、容易和团队共情、比较擅长整合资源、能多线程处理问题。他说这些都跟女性的大脑生理结构有关系，在很多情况下都是优势。"

"太双标了！"她愤愤不平，"你们听说过一个词叫'情绪劳动'吗？它指的是职场人士在工作时展现出某种特定情绪，以达到其所在职位工作目标的一种劳动形式。比如，酒店服务员或者空姐工作时，即使被惹怒了，也要用微笑迎合顾客。我觉得这个社会存在各种偏见，让女性时时刻刻处在'情绪劳动'中，哪怕我当了老板，也毫不例外！我们离真正的男女平等，还差得远。"

这个女性朋友是一个美妆品牌的创始人，创业5年，公司年收入超过5亿元。

我当了妈妈之后，也常常想起"情绪劳动"这个词。时不时觉得，这个社会对妈妈的要求，才是真的苛刻。

随手一翻，市面上有大量关于妈妈们不要大吼大叫的书，如《妈妈情绪平和，孩子幸福一生》《大吼大叫的企鹅妈妈》《好妈妈不打不骂养育完美男孩》《妈妈的情绪，决定孩子的未来》等。

说实话，有了孩子之后，我觉得老公变得比我还啰唆，常常一副严父的模样，说一些并不是很占理的话。我总是忍不住打断他："喂，让孩子自己去玩吧，又不是什么大事儿，干吗要念叨他呢？"可奇怪的是，我从来没有在市面上看过《爸爸才更需要情绪平和》之类的书。

我的一个女性朋友 Chloe（克洛）说得特别有趣："我每次快要爹毛的时候，脑袋里都会出现一个声音，'妈妈要情绪稳定，否则会影响孩子一生'。然后，那股火气在快冲到脑门的时候，我就告诉自己要微笑，'嗯，好的，宝贝'。日子一久，我觉得自己都要憋出内伤了。"

刚当妈妈的时候，我也曾在控制不住脾气的时候自责不已，后来我渐渐放飞自我了，在家从来不憋着火气，也从来不劝解别人要平和。怎么可能一直保持平和啊？在工作上有 n+1 件事儿要处理，在家里也有 n+1 件事儿等着去处理。孩子每天有各种状况发生，老公也不见得能时时给到最得力的支持。在这种情况下，人怎么可能不焦虑、不生气？谁都不是神，自己憋一肚子气，谁心疼啊？

我一直有个执念，人活几十年，转眼生命就结束了，所以要活得畅快淋漓。这倒不是说我要做一个心直口快的人，也不是说我每天都要爹毛，而是要试图去达到一种平衡：既不要求自己一味忍让，又能发火发得有技术含量。简单来说，就是精准发火。这句话听上去有点儿玄？要理解它，前提是我们能理解"情绪的真相"。

理解自己，从跟情绪做朋友开始

在我妈家的客厅墙上，挂着一块小黑板，我买来是为了写一些待办事项。有一天，我回家吃饭时，看到小黑板上写着一句话："快乐每一天。"不知道为什么，看到这句稀松平常的祝福语，一股无形的压力向我飘来。从小到大，我有种很明显的感受，就是这个世界对负面情绪特别抵触。如果一个人生气了，我们的第一反应就是别气别气；小孩子打针疼哭了，我们的第一反应是不疼不疼。我小时候每次不高兴，爸妈的第一反应都是"这点儿小事有什么好哭的？你看这个孩子怎么这么敏感"。这些反应让我接收到一种非常明显的信息：负面情绪是不好的，所以我们总想要解决它。但问题是，真的是这样吗？当然不是，负面情绪不仅值得被接受，而且有积极的意义。我第一次意识到这些，是跟当时的男朋友吵架，我气得大哭，闺密安慰我说："啊，那你一定难过死了。你看你现在这么难过，说明他给你带来的感受真的太不好了。"她是心理学研究生，这些话从她嘴里就这么自然地"流淌"出来了。但这些话对我来说却是新天地，我惊得甚至忘记了哭。那是我第一次意识到，负面情绪是可以被接受的。

成为妈妈之后，我时刻都感受到这个世界对妈妈的要求，"妈妈要平和"，"妈妈的情绪会决定孩子的一生"……这些不负责任、胡乱归因的声音，让本来就不轻松的养育之路变得越发艰难。此时此刻，妈妈只有理解自己，才能在"成为妈妈，成为自己"的这条路上坚定地走出自己的节奏。

此时，正确理解负面情绪就更重要了。负面情绪，大概就像我们身体上产生的疼痛一样。每个人都知道，疼痛时很不舒服，但疼痛的作用其实是向你发出警报，是在提醒你：身体可能受伤了！

情绪对我们来说，也有类似的作用。有些情绪的产生让我们感觉不舒服，但这些情绪不是为了伤害我们，而是为了提醒我们有一些事情正在发生。如果我们能保有这种意识，就会从情绪产生的原因出发，去理解当下发生的事情，这会帮助我们厘清混乱的情况，正面面对我们所处的真实处境。所以，负面情绪是我们的朋友。

这种认知很重要。我每次快被一堆负面情绪吞噬的时候，都会第一时间问自己，情绪这个朋友在告诉我什么？

愤怒往往在告诉我，我受到了一些不公平的对待，而不是那个人很过分，或者我的脾气很糟糕。

沮丧往往在告诉我，我没有正确预估自己的能力，而不是那个人对我的要求很高，或者我的能力很差。

失落往往在告诉我，我失去了对自己来说很重要的东西，我需要面对它带来的哀伤，而不是"不要紧，反正过去了"。

焦虑往往在告诉我，我正在经受一种巨大的不确定性，而不是我做不到。

内疚往往在告诉我，我的行动没有达到自己设立的标准，而不是我做错了。

有一次，一个女性朋友开了一家新店，邀请大家一起去尝新菜。我难得有假期，但又很想陪小核桃。这是我当妈妈之后常有的心理负担——想自由地去玩、去社交、去做自己，但心里又记挂着孩子。然后，我就拉着小核桃跟我一起去参加朋友们的聚会。

结果，我一不小心开错路了，开进了一条逼仄的巷子。我以为开到尽头会有出口，没想到是一条"断头路"，只能倒车。但是，那条巷子歪七扭八的，没倒两步就得各种转方向盘，旁边有群众在看热闹。有一个阿姨抱着孙子，一直在叹气，说我这样肯定是开不出去的，简直是在乱开。

小核桃坐在后座，此时也跟着掺和："你在干吗啊？我们是不是倒车倒了1小时了？外面那个叔叔说要往左边转方向盘。"

一开始我还能做到一边看着后视镜，一边向他解释几句："没有啊，没有1小时那么久。"

"那你的朋友们会不会已经开始吃饭了？"

"没有，他们说还在路上。"

"你干吗要看手机啊？开车时不能看手机。"

"我是要确认下他们有没有把正确的地址发给我。"

"你怎么又停下了？为什么要往前开，不是倒车吗？"

"……"

"妈妈，你怎么不理我了？"

我终于忍不住爹毛了："你闭嘴！一句话也别说！"

"为什么？"

"因为你很吵啊，一直让我分散注意力！"

小核桃顿时不说话了，停了一会儿他又说："你这样说让我很难受，让我觉得自己很没用。"

那一瞬间，我悲喜交加。喜的是，小核桃还这么小，但他可以很成熟地理解自己的情绪，还能这么清楚地表达出自己的感受，他用言语来处理自己感受的能力，超出了很多成年人；悲的是，我把小核桃当成了替罪羊，我的这种不耐烦的情绪，并不是我们之间问题的本质。我需要就刚才发生的事情给他一个解释。

我不再说话，问自己为什么会这么烦躁、这么焦虑？这些情绪到底在告诉我些什么？

"我担心小核桃会饿，担心聚会迟到，又觉得自己挡住了很多人的路。我甚至在想，小核桃会不会觉得，如果是爸爸带他出来，肯定不会遇到这种开错路、倒车又倒不出来的情况。"我的脑袋里出现了这些声音。

所以我烦躁、焦虑的背后，是愧疚。

愧疚这个朋友告诉我的是，我在自责，我认为自己做的事情没有达到自己设立的标准——情绪反弹到小核桃身上，就变成了"你闭嘴"。看上去是我很生气，觉得小核桃打扰了我，实际上，我真实的情绪是愧疚。

当我弄清楚这些的时候，刚才混乱的思绪，也跟着平静下来了。

费了半天劲儿，我终于把车子倒出来了，然后跟着导航，我们踏上了正确的道路。

我从后视镜里看了一眼，小核桃噘着嘴，闷闷不乐。

我停下车，转过身跟他说："对不起，宝贝，你说得对，我那样说话很不好。妈妈其实不是在生你的气，而是我太愧疚了。我担心你饿着，也觉得自己很笨，连倒车这么简单的事儿都做不好。你一直着急帮我，明明是好意，我却因为愧疚而怪罪你，对不起。"小核桃此时撇了撇嘴，"哇"的一声哭了出来，我赶忙去后座抱了抱他。但是，我能听出来，他的哭声里没有孤独，而是有一种如释重负，是"我被妈妈理解"后的放松。

过了一会儿，他带着哭腔，一副了然于心的样子说："所以，妈妈，你刚才也不知道自己是怎么了！有时候我也会这样！"我说："是啊，刚才我真的不知道自己是怎么回事，也是想了半天才明白。我也谢谢你，在我发脾气的时候提醒了我。"

那天我们慢慢聊着，说完也刚好到了朋友的餐厅。小核桃在餐厅里欢快地爬上爬下，像什么也没有发生过。我其实并不确定，5 岁的小核桃，是不是完全理解了我说的话，但我确定的是，我们都轻松了很多。

那天中午的餐食非常美味，朋友们很久没见，彼此有说不完的话。我跟朋友正聊天时，小核桃忽然跑过来，凑到我耳边说："妈妈，你是我最好的妈妈。"他忽然没头没脑地说了这么一句。那时，朋友们纷纷觉得，他好暖心啊，我们的感情真好。但我知道，他听懂了我的解释。

成为妈妈的过程，也是跟孩子一起重新成长的过程，我的收获之一是学会了如何厘清情绪。

情绪背后都有一个真相

我看到过一句话："我们打算和自己好好相处时，会发现自己其实挺不好相处的。"很多时候，我们对自己的情绪一无所知，情绪的复杂程度也的确超出我们的想象。最重要的是，从小到大，从来没有人跟我们说过这些。

我有一种快速厘清情绪的方法——区分原生情绪和次生情绪。

这两个概念来自心理学家莱斯利·S.格林伯格创立的情绪聚焦疗法，这是一个非常有效的疗法。

原生情绪，指的是事情发生的时候，你最初、最直接的感受。比如，你看到蛇，最初、最直接的感受是害怕；在火车上有人占了你的座位，你最初、最直接的感受是愤怒；想起过世的亲人，你最初、最直接的感受是悲伤。这些感受都是原生情绪。

原生情绪是人类最自然的情绪，伴随着事件自然而然地发生。原生情绪存在的时间总是很短暂，并且有它出现的理由和作用。比如，恐惧是为了让你面对威胁时提高警惕，调动全身机能，尽快脱离危险；愤怒是在有人侵占你的利益时，帮助你树立边界，维护自己的利益。

这种原生情绪，如果你自然流露，那它就会自然地结束。比如思念亲人时，自己哭过后心里就会舒服一些；愤怒时，自己把火气发出来，也就舒畅了。你很明确是什么事情引发了你的情绪，自然流露后，情绪也就自然结束了。

但很多时候是你流露了情绪后，事情却变得更加复杂了，你也没有产生结束之感。比如我对小核桃发完脾气后却感觉更加不自在，这时候，就要去考虑次生情绪了。

次生情绪是对原生情绪所产生的感受，也有说法说次生情绪是为了逃避原生情绪而产生的情绪，而次生情绪恰恰是我们乱发脾气的重要原因。很多妈妈工作了一天很辛苦，平时业绩压力又很大，本来就很焦虑了，回到家里听到孩子吵吵闹闹后，压不住火气吼了出来，变成了一个"吼叫妈妈"。这时候，如果你仔细思考会发现，其实妈妈们的原生情绪是因业绩压力所带来的焦虑，愤怒只是她们的次生情绪——但你通常看不到这一层转化。最使人郁闷的是，吼叫并不能解决问题，因为问题的本质是工作，而不是孩子。又如，你发现自己搞错了一个关键数据，想着这次先糊弄过去，下次改了就行了，谁知同事当面指出了你的错误。其实你心里很羞愧，但这时为了掩饰羞愧，你愤怒地反驳了对方："你就一定能搞对吗？"此时，羞愧是原生情绪，而愤怒是次生情绪，可是你却为了次生情绪跟同事大吵一架。

我们很容易被次生情绪迷惑，因为它会把我们引导到并非本质的事情上，自然也会消耗我们很多的精力。它反反复复拉扯着我们，让我们在情绪里出不来。如果只是关键数据出错，你也知道自己错了，感到很羞愧，同事指出来后你道歉，这事儿也就过去了。可是，为了掩饰羞愧这种原生情绪，你冲对方发了火，两人起了争执不说，事后你还一直愤愤不平，拉着朋友说理："你说她是不是挺过分的？"其实你有可能是在后悔、自责，你觉得有什么地方不对劲，感觉到自己是在掩饰什么，但又搞不清楚，所以很想找人给自己撑腰。

有时候，次生情绪太强烈，甚至会盖过原生情绪。我们会因此陷入情绪的旋涡，把所有注意力放在消除这些负面情绪上，很难关注次生情绪背后的原生情绪，更别说解决真正的问题了。

我有一个很聊得来的女性朋友叫晨雪，人很温和，一般不跟别人发生争执，但有一段时间，晨雪跟她老公的关系非常糟糕。晨雪受不了的是，老公大刘在家里事事要纠正她，比如晨雪早上做完瑜伽去上班，老公会追着打来电话说："你是怎么搞的？瑜伽垫说了多少次要随手收起来，我净跟在你后面收拾。"比如晨雪跟儿子吃饭时，聊天聊得很开心，吃得慢了点儿，大刘就会大发脾气，说母子俩的坏习惯一样多，"妈妈自己都不以身作则，怎么教育孩子"。有一次，两人大吵之后，晨雪实在受不了了，跑来向我哭诉，她觉得大刘以前不是这样的，现在却常常发脾气，总是对她很不满意，"跟他一起生活，简直令人透不过气来"。

我跟晨雪夫妻相识多年，也很了解他们。我知道大刘是很好的人，热心、仗义，他不会故意让妻子不舒服的。他这样做，我总觉得有哪里不太对劲。

所有次生情绪的背后，都有一种原生情绪，而引发原生情绪的事件，才是问题的本质。所以，我们要找到原生情绪，这是发现本质的钥匙。

我按着这个思路跟晨雪聊了好几次，之后意识到问题所在了。大刘的眼睛有顽疾，年轻时没什么大问题，医生建议保守治疗，运气好的话一切正常，不会发病，运气不好则可能导致一只眼睛失明。随着年纪增大，大刘觉得自己的视力越来越差。最近一次打乒乓球时，大刘忽然发现自己的视线追不上球的速度了。

"也就是从那时候开始，他变得暴躁，变得越来越愤怒。"晨雪若有所思。

"他不是愤怒，而是恐惧，恐惧有一天，你不再需要他了。"我好像找到了大刘的原生情绪。

晨雪愣了一下，眼睛马上红了。她说自己从来没这么想过，但就在那一瞬间，她觉得一切都说得通了："我好像看到一个每天对未来充满恐惧的人，时时刻刻想通过身边的小事，掌握对我、对生活、对命运的最后一点儿控制权。"

有了区分原生情绪和次生情绪的能力，我们便拥有了一种本领：总能在混乱中及时跳脱出来。

我有一个男性朋友，他非常擅长区分原生情绪和次生情绪。有一次，他的女朋友在家里大发脾气，两个人吵得不可开交时，他忽然抱着女朋友说："你是不是太怕我们会分开？"他女朋友一愣，在他怀里哇哇大哭。

我的这个男性朋友说，两个人为一些鸡毛蒜皮的事情吵得不可开交，他觉得不对劲，这一定不是问题的本质，因为这样吵下去是不会有结果的。于是，他问自己这些愤怒的情绪背后到底是什么，这才发现，自从他接到要派驻外地的消息后，原本特别讲理的女朋友就隔三岔五地找碴儿吵架，"她是多么没有安全感啊"。

这个男性朋友，到现在都被我们一群人称为"最会谈恋爱的人"。

在文明社会，我们崇尚理性，无数的书本和课程也告诉我们要控制情绪，但我们心里都清楚，在生活中有太多时候，理性持续发力，却始终无果。凡·高说过一句话："请不要忘记，微不足道的情绪是我们生命的伟大舵手，我们服从于它，甚至毫无察觉。"我们必须正视理性之外还存在着强大的非理性力量，它影响着我们的生活。那就是情绪。

接受你的情绪，别怕表达出来

当我们区分出自己的情绪，接下来很重要的两步是学会接受和表达。

接受自己并不容易。多数时候，我们对自己很苛刻，内心总认为自己是一个不完美的孩子，总认为自己的真实情绪很负面，觉得那是不对的。我们的多数痛苦，也正是来自这种难以接受真实情绪的心理。其实，情绪从来不是问题，它是我们身体的一部分，甚至是我们的朋友。妈妈有情绪，也会烦躁，这都不是问题，真正的问题是我们如何管理情绪。管理情绪不是压抑情绪，不是把所有负面情绪狠狠打压下去，也不是把出现的负面情绪当成问题，想象着它会失控，更不是回避或者试图控制它。

只有接受自己的真实情绪，我们才能离问题的本质更近一步。承认情绪的存在，即是承认真实的自己，承认即是接纳，而接纳恰恰是改变的开始。

球王贝利的传记电影《传奇的诞生》中有句话："你必须接受真实的自己，不必为自己感到羞耻。"接受很重要，表达更重要。这是我们身为母亲最重要的职责之一，我们需要帮孩子学会准确地表达自己的情绪，这对他与自己相处、与人交往都会有极大的帮助。

每次听到有人苦口婆心地劝诫别人，要做一个不发火的妈妈，要情绪稳定，我都不以为然，有时甚至持反对意见。在孩子还小的时候，我们始终以一副温和的面容对待他，那孩子以后进入社会，遇到了脾气暴躁的老板、很容易烦躁的伴侣，他会不会不知所措？我从来都不想给孩子提供一个"无菌"的成长环境，我想提供给他的是一块坚实的土壤，在这块土壤里，他可能获取足够的养分，可以自由生长。

弄清楚情绪背后的真相，然后接受它，再表达出来。我们要告诉孩子整个过程：妈妈是怎么一步步理解了自己的——这个过程，是孩子成长中很好的养分。

就是这样，我在一次又一次生气和不耐烦时理解自己、接受自己，并且学会表达自己，也并不苛责自己，毕竟我也不过是个"五六岁"的妈妈而已。一次又一次，我为着那些从混乱到逐渐变得清晰的情绪，跟孩子不断地沟通。渐渐地，小核桃长成了一个真正有本领的孩子。

有一天晚上，我在微信上跟同事为了一个问题争执了起来，小核桃在我的身边转悠，说："妈妈，你好了吗？你什么时候帮我洗澡啊？妈妈，你怎么老是对着手机啊？"

我本来就很烦躁，经他一念叨，我一股火气立马上头，冲他喊了一嗓子："你怎么还不去洗澡啊，你就不能自己去洗吗？干吗什么事儿都要找我！"

话还没说完，我就后悔了——我是因为工作而烦得不行，为什么要把怒火转嫁到孩子身上呢？

出乎意料的是，小核桃慢悠悠地说："我又不是你的同事，干吗这么大声啦？"你看，他比我更快速地区分了原生情绪和次生情绪，他比我更快速地看清了情绪背后的真相。

我摸摸鼻子，不好意思地笑了。

那一刻，我很欣慰。小核桃是一个真正有本领的孩子了，我仿佛看到他正在锻造自己的武器、准备自己的铠甲，时刻准备着，去面对这个真实且复杂的世界。

而我也在这个过程中，拥有了同样的本领。

参考文献

1. 蕾切尔·卡斯克.成为母亲：一位知识女性的自白 [M].黄建树，译.上海：上海人民出版社，2018.

2. 臧少敏.初产妇产后育儿自我效能及影响因素的研究 [D].北京：中国协和医科大学，2009.

3. 胡晓斐，胡永梅，王叶飞等.Roy适应模式在初产妇母亲角色适应中的应用 [J].中华护理杂志，2010 (12): 1099-1101.

4. 陆虹，王德慧，张海娟等.影响产褥期初产妇及其配偶角色适应的因素分析 [J].中国实用护理杂志，2010, 26 (20): 65-67.

5. Barbara Almond.The Monster Within: The Hidden Side of Motherhood [M]. University of California Press, 2010.

6. KnowYourself.女性为何很难只属于自己 | 当我成为母亲之后：抵御一个不断"客体化"的过程 [EB/OL]. (2016-11-17) [2020-8-10]https://mp.weixin. qq.com/s?__biz=MzA4NjcyMDU1NQ==&mid=2247489252&idx=1&sn= ba62df3a0db1f505655b169cef83e418&source=41#wechat_redirect.

7. 温尼科特.妈妈的心灵课——孩子、家庭和大千世界 [M].魏晨曦，译.北京：中国轻工业出版社，2016.

8. 周海松.培养孩子的十大核心能力 [Z].杭州：Momself，2019.

9. 费孝通.生育制度 [M].北京：北京联合出版有限公司，2018.

10. 胡晓红.两性和谐的哲学理解 [J].妇女研究论丛，2005, (1): 9-13.

11. 比尔·博内特，戴夫·伊万斯.斯坦福大学人生设计课：如何设计充实且快乐的人生 [M].周芳芳，译.北京：中信出版社，2017.

12. 马库斯·白金汉.现在，发现你的职业优势 [M].苏鸿雁，谢京秀，译.北京：中国青年出版社，2016.

第二部分

成为家庭 CEO，
打造温暖有力的团队

3
亲密关系的秘密

亲密关系的本质：
我们相爱，但愿我们也能相守

mom 幸福的婚姻并非取决于拥有一个完美的爱人，而取决于我们是否愿意学习相爱。

在婚姻生活中，我们有没有进步过？

小核桃一晃 5 岁了，我跟老公也结婚 8 年了。

孩子的到来给我们这段关系带来了很多不一样的"质感"，让我们变得更有担当，也更勇于解决问题。毕竟，身为父母，我们是孩子最初唯一的依靠，我们无路可退。同时，我们也开始面临更多夫妻关系上的挑战。比如，家里的很多资源转移到了孩子身上，而夫妻之间单独相处的时间被大量剥夺。哪怕有单独相处的时间，也是两人在极度疲惫的情况下，只想各自静静地待着。

缺少沟通和沟通的耐心，使我们常常产生误解和争吵。

最近，我们夫妻之间的一次严重争吵发生在 8 个月前，原因仅仅是我跟老公说话的时候，他一直在跟小核桃打闹，家里乱成一团。那个瞬间，我觉得自己快要被混乱淹没了，没有人看得到我，也没有人听得到我。

"家里这么乱，你看不见吗？！"

"干吗冲我吼啊，没看见我在跟小核桃玩吗？"

"是，你只要陪着玩就行了，而我要收拾所有残局，小核桃还会觉得只有和爸爸在一起才最好玩。"

"我们每次都会把玩具收好啊，你这么说不讲理啊！"

"我不讲理？！"

……

后面的争吵，跟其他夫妻之间的争吵一样，偏题快偏到南半球了，没有一句说到点子上——我明明不是因为家里乱而生气，明明是因为渴望被重视和被爱护而发脾气。但这些是我们事后很久才意识到的。当时，我把自己关在房间里，哭得一脸鼻涕和眼泪。

这一年，是我跟老公相识的第 12 年，结婚的第 8 年。这个时间长过生命中很多的相遇和相逢，我们一路磨合，像两个不那么匹配的齿轮，一直在寻找彼此最佳的咬合位置。我们共同经历过很多高潮与低谷，变成了彼此生活中的一部分，但哪怕再熟悉，我们也并没有习惯争吵。每一次争吵，对我们来说，仍然带有极大的杀伤力，让人忍不住想要躲起来舔舐伤口。

后来，我跟闺密月亮小姐吃饭时说起这些。月亮小姐的表情很复杂："你们还在吵架啊，我怎么觉得还挺好的呢？我们结婚5年，为了我老公跟我爸妈的关系，我们不知道吵了多少次，快吵得怀疑人生了。但是，吵架太痛苦了，好像也没什么用，现在我们已经很少吵架了，两个人都渐渐学会闭嘴。你说现在问题解决了嘛，也没有，只不过我们都对问题视而不见罢了。我有时候也觉得挺荒唐的，像身体里长着一个脓包。"

她说这话的神情，落寞极了，让我想起村上春树说过的话："没有人喜欢孤独，只不过害怕失望罢了。"

聊着聊着，我忽然问了她一个问题："你说在这么多年的婚姻生活中，我们有进步过吗？"

"进步？"月亮小姐愣了一下。

"是啊，进步。你看这么多年，我们每次见面都会互相吐槽生活中的一地鸡毛，但是很少聊在婚姻生活中我们有哪些进步。我创业做公司，在管理中一直竭尽所能避免同一个问题出现多次。我跟新员工说不怕犯错，最怕同一个错误犯两次，那样就说明我们没有进步。在公司里，我们把复盘作为工作中的重要一环，不管事情大小，都会进行复盘，找到自己哪些地方做得好，哪些地方没做好。我们接受管理培训的时候，会被特别培训怎么做复盘。做一件事情，不论失败还是成功，都会重新演练一遍，大到公司战略，小到具体问题。演练完了再看做得正确不正确，以及边界条件是否有变化。任何人都会在复盘中提高自己，职场里的很多人，就是这样一点一点进步的。可是，为什么我们在婚姻生活中从来没有想过复盘？"

"很奇怪，你说工作时进行复盘，我觉得非常和谐，但是一想到自己跟老公复盘，我就觉得浑身起鸡皮疙瘩。婚姻生活有什么可复盘的！就觉得特别违和。"月亮小姐更加迷茫了。

一种重要且基本的事实——我们需要学习如何相爱

那天和月亮小姐吃完饭，我一直在想未聊完的话题。几个月后的一天，《人生学校：爱情的真相》中的观点印证了我的想法：我们的核心问题是，对爱情抱有太多浪漫主义的幻想了。

以阿兰·德波顿为主的作者团认为，我们被浪漫主义影响过深，常常觉得爱就要非常浪漫，只有遭遇背叛或者其他重大问题时，家庭生活才值得关注，而日常琐事，微小到令人羞于启齿。问题越重大，我们解决起来就越有耐心，同时也越能引起我们足够的重视，比如 AI（人工智能）技术的未来、公司明年几千万元的预算问题。当我们认为一件事很重大时，就会对它产生很强的容忍力，出问题时，我们更能保持镇定，也会愿意花更多时间。比如我们会花 3 小时讨论一个员工的去留问题，会花好几个月研究一个产品的细节。但是，对于因为把浴巾留在浴橱里而吵了两小时，我们会觉得这是在浪费时间，会感到无限挫败。我有一个男性朋友，他说老婆每次发脾气时，他脑袋里唯一的念头就是，我要用什么方法才能让她快速安静下来，这样我就能继续安心写程序代码了（听上去真的很欠揍）。

我爸第一次也是唯——次打我，是我小时候拖拖拉拉不肯去幼儿园时。据说，那天我一反常态，死活不肯去幼儿园，而我爸眼看着上班要迟到了，对我怎么说都没用，急得一头汗的他就踢了我一脚："快点儿，我要上班了，别耽误我时间！"至今为止，这件事已经过去30年了，我和我爸从来没有谈过这个事情。据说，后来我有一周的时间没有理他。当时，我觉得很委屈，同时也有点儿羞愧，就像大人说的，我怎么这么不听话，害爸爸迟到了。但现在，30年之后，我更好奇的是，为什么大家（包括我）会觉得上班迟到比一个孩子突然反常的行为要重要得多？

我们对生活中的很多事，都会毫不吝啬地给予重视。在公司里，我们会设置阶段性关键绩效指标，帮助员工分析优劣势，推动他们成长和突破，为他们的每一次进步颁发奖励。孩子上幼儿园、上小学时，我们也会为孩子的每一次进步欢呼雀跃，比如他竟然会用成语了！但有没有人意识到，我们自己进入婚姻、成为父母，不也是以"新生"的身份去学习如何相处、如何为人父母吗？难道有谁教过我们吗？

让我们一起看一下这个观点：我们需要学习如何相爱。

据美国华盛顿大学心理学教授约翰·戈特曼的《幸福的婚姻：男人与女人的长期相处之道》一书中的数据显示，67%的初婚夫妇会在结婚后40年内离婚，其中有一半初婚夫妇会在结婚后的前7年离婚。[1]离婚率居高不下，一方面说明这个社会对单身或离异人士给予的支持更多了，大家不惮于一个人面对生活；另一方面也说明，婚姻的难度越来越多地体现了。我们知道婚姻很难，但是如果说要学习如何相爱，很多朋友（包括曾经的我）的第一反应都是，我们需要学习如何相爱吗？有必要吗？

　　一些朋友找我哭诉感情生活中的不如意，多数时候我会向他们推荐婚姻咨询。有意思的是，听到这个建议时，刚刚还伤心到快要过不下去的朋友会瞬间恢复理智："啊，好像……也不至于吧？"一次婚姻咨询的费用在 600 ~ 1500 元，差不多是一件衣服的钱。但他们觉得，为了亲密关系花费时间和金钱，好像也不是那么必要，总感觉有点儿怪怪的。然后，朋友们会转头回归到各自的生活中，幻想着只要视而不见，问题就会自己消失。其实，朋友们会偷偷在心里权衡：我在亲密关系中花时间和金钱，能给我带来什么好处呢？是会升官发财还是助我事业有成？

　　《百岁人生：长寿时代的生活和工作》里提到过幸福关系的重要性："对大多数人而言，美好的人生需要获得家人的支持，结交优秀的朋友，掌握过硬的技能和知识，还要有健康的身心。这些都是无形资产，在创建高效的长寿人生时，它们无疑与财产一样重要……如果你身体不好或者家庭生活不幸福，那么这种压力会大大降低工作生产率、同情心和创造力。"

　　《幸福的婚姻：男人和女人的长期相处之道》一书中提到，人们经常认为好的婚姻不需要特别花费心血，甚至把离婚或者婚姻不幸福当成一件时髦的事。实际上，如今有大量的证据表明，婚姻不幸福对于个人的身体健康有明显影响："洛伊丝·维尔布鲁根与詹姆斯·豪斯都在密歇根大学工作，多亏他们的研究，我们现在知道，不幸婚姻的承受者患病概率大约增加 35%，并且平均寿命会缩短 4 年。相反，与那些离婚或身处不幸婚姻的人相比，生活在幸福婚姻中的人活得更长久、更健康。"科学家分析造成这种情况的原因或许是身处不幸婚姻中的人长期承受着各种压力，这些压力增加了对身心的损耗，可能会导致身体疾病或者心理疾病的出现。而那些幸福的已婚夫妇，由于更加注重健康，彼此会要求对方定期进行体检并积极服药，同时也会更注意彼此的身体。此外，科学家还发现了一些初步证据：幸福的婚姻直接有益于人的免疫系统。在 10 年前，研究者们就发现婚姻不幸对人体的免疫功能会产生一种抑制作用，会使人更容易患病。如今，科学家认识到这一观点的对立面也有可能成立，即幸福的婚姻能对已婚者的免疫功能起到增强作用。

《幸福的婚姻：男人和女人的长期相处之道》中还提到了一组有意思的实验，研究者针对在爱情实验室中生活的 50 对夫妻进行免疫系统反应测验时发现：婚姻生活满意度高的人与对婚姻生活不满意或婚姻生活一般的人相比，身体的免疫功能有显著区别。总的来说，当面临外敌入侵时，幸福的已婚者体内能产生更多白细胞，甚至还拥有更多的自然杀伤细胞。尽管从目前来看，还需要更进一步的研究才能证明幸福的婚姻通过增强机体的免疫功能，从而使人更健康、更长寿，但我们至少可以肯定，幸福的婚姻对人有积极的影响。作者甚至说："我常常想，如果健身爱好者每周从健身的时间里匀出 10% 的时间，来锻炼他们的婚姻而不是他们的身体，那他们在健康方面获得的好处将是在跑步机上跑步的 3 倍！"

但现实情况是，很多人宁愿每周花好几个小时在跑步机上大汗淋漓，以此来代谢婚姻生活中出现的不如意，也不愿花时间学习如何相爱。

也有一些人认为，不是有没有必要学习如何相爱的问题，而是爱情根本不需要学习。美好婚姻的关键在于遇到一个对的人。如果我现在感觉不幸福，那是因为我遇到的人是错的，只要我遇到的人对了，彼此就会幸福一生。

在《人生学校：爱情的真相》这本书里，作者描述了一个刻板的浪漫主义脚本[2]，我们以为什么样的人才是对的人呢？遇到什么样的人，我们才会过上完美的生活呢？

- 我们应该遇见一个外表内在皆美丽非凡的人，能够瞬间感受到彼此的特殊吸引力。
- 我们应该拥有心满意足的性生活，不只是在交往初期，而是永久保持。
- 我们应该永远不被他人吸引。
- 我们应该能凭借直觉理解对方。
- 我们无须爱的教育。我们可能需要经过培训才能成为飞行员或脑外科医生，但成为爱人不必受训。我们只要跟随感觉，便能渐渐学会这些。
- 我们应该不留秘密，时常相伴（不应受工作阻碍）。
- 我们不应为养家糊口而对性爱或感情丧失任何热情。
- 我们的爱人必须是我们的灵魂伴侣、最好的朋友、孩子的爹妈、副驾驶、会计、管家和心灵导师。

这完美的生活，只取决于拥有一个完美的爱人！

醒醒吧，朋友们！当你第一次婚姻失败时，就意味着你在亲密关系中暴露了自己需要学习的地方，怎么能期待再找一个人就可以从此幸福呢？爱情，可能是这个世界上最不适合用"坐享其成"来期待的事情了。

当然，我也不是想用这些让大家觉得"只要好好学习相爱，就不会离婚"或者是"离婚就是不好的"，毕竟，在某些婚姻关系里，我们真的不需要忍耐。但我们要弄清楚的是，不管夫妻二人最终的结果是不是离婚，相爱都是需要学习的。当我们对此掌握得越多，哪怕最终的结果是离婚，我们也会避免受到"关系之伤"。那些在离婚时闹得两败俱伤的故事，我们已经知道得够多了。曾经那么相爱的两个人，为什么会变成彼此恨到牙根儿痒痒的仇人？也许是因为他们忍耐了太久，不知所措了太久，错误处理了太久。相爱需要学习，这可能是我们这些处于婚姻关系中又想要婚姻生活幸福的人唯一要接受的事实了。毕竟，多年的职场经验告诉我，低估挑战的艰巨性是造成许多麻烦的根本原因。这个经验同样适用于亲密关系中。很多专家告诉我们，营造更和谐的双方关系，关键不在于避免争执，而在于认识到争执始终难免，我们必须花费大量的时间和精力去加以解决。

学习爱，其实并不难：情绪 ABC 理论和爱的翻译器

"的确是这么个道理。我觉得我们一直在原地打转，这是我在婚姻中感觉最挫败的地方。但我本来就压力够大了，每天加班到半夜，还要花时间学习爱？"月亮小姐听我说起这些理论时，又动心，又烦心。

"是啊，就是这么麻烦，但又能怎样呢，还不是因为我们需要？"

明明单身更方便，想干吗就干吗，要多自由就有多自由，可我们还是选择牵起了另一个人的手。明明有一百个理由选择单身，却被一个理由打败：我们想要跟爱人相守。因为我们渴望爱，"愿得一人心，白首不相离"，"只愿君心似我心，定不负相思意"。在熙熙攘攘的都市里，有一个人跟自己相依为命，他支持自己、保护自己，不管发生什么，他总是站在那里，这就是我们本质的需要。

"大概这就是爱吧。"月亮小姐说，"虽然我已经很久不愿意承认我们之间还有爱了。"她的眼眶有点儿湿，"差一点儿，我们就被生活打败了。"

"不，你们是被不好好学习打败的。"我忍不住调侃道。

说是要在婚姻关系中好好学习爱，但我们真正需要花的时间，其实并不多。以我们这些受过高等教育、有过职场打拼经验的人的资质，在婚姻关系里迅速提升几个等级，并不难。

我们应该先学会让自己放松下来，学会转身。在婚姻生活中，但凡我有情绪，将肩膀耸起来进入战斗或者逃跑的状态时，我都会提醒自己要放松，困住我的只是自己的看法，不一定是事实。这种做法得益于一个理论，叫作情绪 ABC 理论，是 20 世纪著名心理学家阿尔伯特·埃利斯提出来的。他认为人不是被事情困扰的，而是被对事情的看法困扰的。在情绪 ABC 理论中，激发事件 A（Activating Event）只是引发情绪和行为后果（Consequence）的间接原因，而引起 C 的直接原因是个体对于激发事件 A 的认知和评价而产生的信念 B（Belief）。

就是这么一个简单理论，为我打开了通往新世界的大门。

有一次，我跟合伙人王大米一起吃饭，说起中年夫妻生活的日常。我说："两个人一起吃饭，却各自低头看手机，有什么意思呢？还在一起干吗呢？真让人生气。"王大米一脸惊愕地说："啊，我周六跟老公出去吃饭，两个人一边刷手机，一边有一搭没一搭地说话，我觉得简直太自由、太惬意了！你要让我全程不看手机，只是一起吃饭，我可能就要焦虑死了。"

　　有趣吧？同样是吃饭时看手机这件事情，因为人的信念不同所产生的情绪完全不同。"我被自己看待问题的方式困扰了"，这个视角让我极大地放松了下来。

　　带着这个视角，我渐渐习惯用"瑕瑜相生"的思维去看待问题，即任何人所具有的任何优点都跟其所具有的缺点相伴相随。比如，我老公极其严谨、有规划性，但是他非常不浪漫，与机灵和幽默几乎无缘；我爱冒险、有野心，但我常常不关注眼下的问题。从这一点来看，我们似乎是完美的性格互补者，但是在现实中，光是因为这一点，我们在谈恋爱的时候简直吵到要怀疑人生。

　　我老公每次定好几点出门，都会准时出发，而我是那种可能要磨蹭到临近登机才快速通道冲进去的人。他简直要因此而心脏病发作了。他培养小核桃的方式像老师，恨不得对小核桃说的每一句话都有一套完整的逻辑。我跟小核桃有时会玩闹到晚上 11 点，他很小的时候就会说："小点儿声，爸爸会听见的，他要生气的。"当我老公一脸严肃地冲进房间里，批评小核桃不按时睡觉、指责我不像个妈妈的时候，我惯常的反应已经表现出来了："你真的是太无趣了！"后来，我渐渐学会在开口前先想一想情绪 ABC 理论。再遇到这种事情时，我会想到，如果是王大米也许会说："哇，你老公好有时间观念，好有责任心啊。"

我不是这个世界上唯一的视角，而他也不是。我们只是拥有两种不同的信念，然后以某种方式相遇。那么请相信我，我们也一定会有其他的相遇方式。

情绪 ABC 理论给我带来的额外收获是：当我学会放松、学会绕到事情的另一面去看待问题之后，我变得会表达了。说起来，这是一直以来十分困扰我的问题。我算是表达能力还不错的人，但是在很多次夫妻吵架中，都以我摔门躲进房间避而不谈为结尾。

因为在那些委屈、愤怒的情绪之下，我根本没有多余的精力去分辨自己到底想要什么，我的大脑都被情绪占据了。

情绪 ABC 理论从一个很巧妙的角度给了我平静下来的力量，释放了我的大脑空间，让我开始有能力去探究自己和对方真实的需求，此时会使用到的技能，叫作"爱的翻译器"。这个技能是心理学家龚利琴老师提出的，她是情绪取向治疗理论的研究者和传播者。龚老师告诉我，这么多年来，她给成百上千对夫妻做过婚姻咨询，其实简单来说，最常做的只有一件事，就是帮助夫妻俩"翻译"他们的真实需求。她向我讲过这么一个咨询案例[3]：

有一对夫妻，丈夫有一点儿不舒服就要吃药或者去医院，妻子就觉得为这么点儿事至于吗？休息一下就好了，所以两人常常因为要不要去医院而吵架。即使去了医院，两人也会因为要不要多问医生几句、多做几项检查而发生争吵。

妻子不知道自己为什么那么讨厌丈夫生病时的状态，她很希望他能少去几趟医院，希望他生病时可以淡定点儿。

我问她丈夫生病会让她体验到什么样的心情，她说自己会感到很烦；我又问她还有没有其他心情，她说会生气。然后我说：'我可以猜测一下吗？如果猜得不对你可以告诉我。我在想你是不是也体验到了失望和害怕？失望的是自己的男人没有你想象中的那么强大，他也会因为小病而害怕和惊慌失措。他没有强大到可以让你依靠他，你对这样的他感到失望，是吗？'她点头承认。我接着说：'那种害怕是，其实你也怕生病，不知道怎么应对。他生病时，你不知道该怎么做，你害怕面对医院，以及各种各样的检查，因为每当那个时候，你都会感到不知所措。在这样的情况下，你不仅得不到他的支持和照顾，还只能是你支持他、照顾他。你害怕未来会一直这样，是这样吗？'她说：'是这样的，我的确害怕。'"

你看，妻子是因为丈夫不够强大而感到失望，因为自己面对疾病时不知所措而感到害怕，翻译一下就是，她渴望被照顾、被保护，希望情况不会失控，这些是她真实的需求。她的需求藏得很深，自己也没有意识到，所以只是在跟丈夫纠结去不去医院。

我们弄不清楚自己，也搞不明白对方，多数时候的争吵，都是因为这些模糊的情绪和需求。我们不停地争吵，是因为需求没有得到满足，就像没有吃饱的孩子会一直哭闹，但大人们以为孩子哭是热了，给他脱衣服，跟他说不热不热，骂他这有什么好哭的——而那个孩子只会越哭越凶。我们就像这个没吃饱的孩子，哭闹久了，还是得不到满足，只会彻底失望，然后把问题推到对方身上："他这个猪头，根本不会改变！"

在所有关系中，我们都以为自己是最伤痛、最委屈的那个人。

电影《爱在日落黄昏时》里有几句我很喜欢的台词，女主人公对男主人公说："我只有独处的时候才会真正开心……他们不是对我不好，他们都很关心我……但是我们却没有那种心灵上的沟通，或是发自心底的兴奋。"

在亲密关系里，每个人都有过这种孤独的时刻，觉得没有人能理解自己，觉得灵魂伴侣何其难求。后来，我们试着改变对方，让自己的利益最大化，但事实也许是，夫妻间的绝大部分争吵是无法避免的。夫妻双方年复一年地试图改变对方的想法，但没能成功——当然不会成功，要知道想改变对方可能是人类最大的幻想了。

夫妻之间的大部分分歧产生的根本原因可能是生活方式、个人性格或价值观上的差异。这些差异很难改变，我们能做的只是去理解。

理解对方，几乎是我们唯一能从改变对方的幻想中脱离的方法。

很多时候，我们翻译了伴侣的语言，看见那个在用尽全力武装自己的人，其实无比脆弱，等待被爱。看见之后，我们放弃要求伴侣去改变，转而试着去理解，为什么他会这样？他在害怕什么？他为什么会在某些问题上变得如此冷漠？

"爱的翻译器"的最大力量在于，当你理解了伴侣的真实需求，你们之间便会重拾信任。在这种时刻，我们才能真正找到改变的出口。

　　有一次在选题会上，年轻的同事问我："所以结了婚，就都会这样吗？你看我们这些用户的反馈，都是说从新婚的甜蜜期进入柴米油盐的平淡期后，跟伴侣还有他们的原生家庭融合经验不足，以及面对工作的压力、抚养子女和赡养老人的压力等，哪一样都很容易产生矛盾。每个用户好像都是从充满激情到失望，从热吵到冷战，从满是幻想到认清现实。婚姻生活像是一段抛物线，经历过最辉煌的高潮，然后就一落千丈吗？"

　　我想了想，给出了自己的答案："我觉得婚姻生活不是抛物线，它可以是波段，起起伏伏，上上下下。我们遇到了问题，然后需要去学习，因为在婚姻里，我们也不过是一二年级的小学生，恐怕现在还没有小学毕业呢。我们可能不会过上完美的婚姻生活，但我们会慢慢意识到，跟他人同住一个屋檐下，其实是天底下最困难的事情之一。事情变好，是从意识到问题开始的，是从愿意花精力开始的。"

　　《爱在日落黄昏时》的下一部叫作《爱在午夜降临前》，在那部电影里，男女主人公已经结婚多年，有了一对女儿，他们之间有过各种争吵，不再像之前那样惺惺相惜，互相有说不完的甜蜜话。在影片结尾，他们来到了海边，在黄昏里坐在一起看太阳慢慢消失。这是全片最美的时刻，他们的爱如同太阳那样，不停地遭遇琐碎生活的摧残，"还在，还在，还在……最后……消失了"。不过就像电影中那位在餐厅里吃饭的老太太说的那样，日落日升，太阳明天又会重新出现，爱不也是那样吗？

最后，男主人公跟女主人公说："我把整个人生交给了你，我接受了你的全部，疯子的一面和光芒四射的一面，我会对你、对女儿、对我们共同创造的生活，负责到底。这一切都是因为我爱你。"

不管你愿不愿意承认，是的，那都是因为爱。

小贴士

爱的翻译器：

1. 跟你说了多少遍，你怎么还是这么晚回来？——我希望你早点儿回家，希望我的话是被你放在心上的，希望你重视我的需求。

2. 你怎么什么都不做？——我需要你陪我一起承担家务，这样我会感觉你是在乎我的、愿意疼惜我的，你的心是在这个家里的，你是知道我的辛苦付出的。

3. 这个家又不是我一个人的！——我感到有些孤单，家里有好多事，我好像在孤军奋战，我需要你的帮助。

4. 到底要我怎么做你才会满意？——我真的感觉好挫败，似乎不管我怎么努力，你都不会满意。我想获得你的肯定和认可。

婚姻中的性：那么近，又那么远

mom 在性爱这件事上，我们旷课太久了。

关于性，我们知之甚少

我的一个朋友 Rock（罗克），在孩子出生两年后，离婚了。

Rock 夫妻前后折腾了一年多，当局者都在婚姻中感到筋疲力尽。回溯起因，夫妻二人争吵的起点跟性生活有关。

Rock 夫妻都是性情中人，像所有年轻人一样，因为相爱而结婚生子，虽然彼此也吵架，但总体来说，日子也在嬉笑之间顺利地过着。有了孩子之后，丈母娘和月嫂都到了 Rock 夫妻的家里，大家围着孩子忙得团团转。那个时候，Rock 刚换了一份工作，适应得不是很好，所以家里人面对他时总是小心翼翼的，比如他想跟孩子一起待会儿，家里人会说："我们来，我们来，你快去做设计吧。"

Rock 渐渐开始理解电影中丈夫回家前要在车里坐一会儿的感觉了。更糟糕的是，在那段时间，他们的夫妻生活一直不顺利，他说自己没办法跟妻子像以前一样随性地做爱。妻子对此反应很激烈，她觉得 Rock 不爱自己了，刚开始是感到伤心，后来变得很愤怒："我辛辛苦苦生了孩子，你竟然这样对我！"她甚至怀疑 Rock 出轨了。

两个人为这件事吵过好几次，刚开始时，Rock 还会解释"不是你想的那样"，但是他也的确说不清楚自己到底为什么会忽然变成这样。后来，他便不再解释了，因为即使解释了半天，他也总是"做不到"。这让妻子对他更加怀疑。夫妻之间的性生活对 Rock 来说，好像变成了一种证明手段，如果自己做不到，就等同于不爱。这压力太大了，他更没办法做到了。

后来，Rock 被公司派去外地培训，真的出轨了。

在很多年后的一次聚餐中，他跟我们这帮朋友说起这段经历，他说："那时候，我非常想知道自己是不是真的不行了，是不是真的得了什么病。那时也正好遇到一个挺喜欢我的女生，我心一横，想试试。"

我们翻着白眼说："得了得了，别为自己的渣男本质找借口了。错了就是错了，有 100 个理由也是错了。"

他也不辩解，只是低头喝酒。

但是，他说那段话时的无助表情，不是装的。

离婚过程持续了快一年，两人从愤怒到悲伤再到愤怒，像在一个旋涡里不断打转，想逃出去又不敢，因为对以后到底会面临什么，充满了恐惧。

忽然有一天，两人都觉得疲惫至极，不知道继续走下去的意义了。就在那一天，两人领了离婚证。

Rock 说："后来，我看了很多书，听了一些课，才有点儿明白我们之间到底发生了什么。在女性怀孕的过程中，丈夫的性渴望有一个慢慢被抑制的过程，开始对不过性生活建立了一种心理耐受。妻子生完孩子之后，丈夫那种抑制性生活的惯性还在，而很多男性的性欲需要被慢慢唤醒。妻子生完孩子后，身上有恶露、伤口、堵奶各种现象，我很心疼，但是也会恐惧，觉得那是一具充满伤口的身体。我有些害怕，还有一些敬畏，觉得她很伟大，而我好像什么都做不好。再加上那段时间工作也不顺利，全家人似乎都觉得我不像个爸爸。还有一种感觉是我很多年后才意识到的：妻子生完孩子后的气质和气息，会唤醒我对妈妈的感觉，这让我在发生性关系的时候，有些焦虑。"

这是我第一次从身边的朋友那里听到这样深刻的剖析——性生活质量影响了很多夫妻的生活质量，但是多数夫妻选择对此讳莫如深。Rock 描述的这些原因，在心理学里都有相关描述：有了孩子的一段时间内，算是男性性压抑的灰色阶段，男性既要在感官上克服对妻子身体的陌生感，又要在心理上处理母亲与妻子的两种角色所引发的冲突。但多数男性并不一定能够在意识层面上明确感受到这些。因为不了解这些，不知道性压抑的真实原因，所以很多男性无法处理这些感受，他们最常见的反应就是疏远和回避。而这种反应作用到女性身上，会被误读为一种伤害，一种"自己不值得再被爱"的伤害。

生了孩子后，大部分女性会遇到腹部和臀部肌肉变松弛、生产和喂奶时私密器官暴露等情况，这些突如其来的变化把一个女性硬拖到人生新阶段："你都当妈妈了，还害羞什么？"我在喂奶的时候常常听到这句话。有一次去日本旅行，在机场时，宝宝饿了，我正准备去找哺乳室。当时，我妈觉得快要登机了，时间来不及了，找了块围巾帮我挡住，让我在候机厅喂奶。我说："这么多人，怎么喂啊？"她脱口而出："人家当妈妈的都这样。"我当时竟然顺从了，这件事过去很久了，可是我每次想起那个时刻，心里都会很不舒服。当羞耻感跟约定俗成遇到，我的感受被活生生地压下去。但问题是，压下去并不代表不存在。因为怀揣着这些心事，所以女性变得格外敏感，当遭遇丈夫的回避和疏远时，仿佛是证实了自己那些可怕的念头：我不好看了，我没有吸引力了，我不再有少女感了，这是我的问题。再加上一些媒体无形中给每个人灌输的对失去青春和完美身材的恐惧，也在推波助澜。

于是，一些女性退缩了，跟她们的伴侣一样，两个人各怀心事，退回自己的角落里，日渐疏远。还有一些女性会把这种受伤感表达为愤怒，就像 Rock 的妻子，她们表达需要的方式是指责和抱怨，而这些方式又会减少男性的性享受。

这是一个充满误解、各自受伤的恶性循环。

"等我了解了全部真相，才知道当时的我们有多无知，因为这种无知，所有的努力方向都是错的。当时不是不想解决问题，我们努力过，吵架也好，回避也好，其实都是因为在乎对方，想要变好。但就像一辆车开错方向了，再怎么踩油门，也到不了我们想去的地方。"这是 Rock 对于那段经历所说的最心平气和，也是最让人感到遗憾的一段话。

性生活的种种问题，不只出现在新手爸妈之间。在2019年出版的《李银河说爱情》一书中，作者提到了一组数据：中国白领女性中，有43%的人在经历无性婚姻。[4]《在长期关系中保持性欲》的文章里提到，在长期关系里，双方性欲下降是很常见的现象。[5]无论多么爱一个人，一段时间后，我们很少能保持只对他有"性趣"。美国著名性学专家阿尔弗雷德·C.金赛在自己的著作《金赛性学报告》里讲述了一个重要事实：男性的性释放顶峰发生在青春期，甚至是前青春期。从生理结构上来看，他的性欲是随着年龄增长而不断减退的。而女性的性释放顶峰发生在30多岁至40岁出头。[6]这使我们意识到一个问题：我们习惯于按照社会标准或者道德标准来看待性——性和谐很重要，性对于婚姻很重要——却忽视了男女之间由于性别和年龄差异而带来的生理挑战。除此之外，出于各种因素，一个人的性欲水平也在起伏变化中，在夫妻关系中，双方不可避免地会出现性欲差异。

这引起了我们的各种不良情绪，失望、恐慌，以至于引发矛盾。著名的性学教科书《性学观止》里提到过这样一个概念，叫作"合约失望"[7]，大概的意思是，人们在恋爱或结婚时，很少会对性期望进行公开交谈或协商，但是人们心里都有自己的期待，并且默认对方应该满足自己的期待，可是人们根本从来没有谈论过。因此，一旦自己所期望的东西无法得到满足，双方就会产生许多误会和冲突。

所以你了解了，从来没有谈论过才是事情的重点。事实上，无数研究表明，产生的差异本身不是问题，无法就差异进行沟通才是问题。很多心理学理论都有这样的观点：性的问题，多数时候是关系的问题。而沟通，是对性欲最强有力的保护。

谈论性，从觉得"它也没那么重要"开始

我的另外一位亲密的女性朋友毛毛，也遇到了这个问题。她是顺产，因为婴儿的头围比较大，所以生产过程挺艰难的。生产后毛毛忙着自己恢复、照顾婴儿，大约半年后，他们夫妻才第一次有了性生活。毛毛跟我说："就感觉乱七八糟，既担心孩子忽然哭，又觉得自己的身材恢复得不好，所以两个人都没什么太好的感觉。"后来，两人的性生活慢慢有所改善，但跟刚结婚那时候相比，不管是数量还是质量都明显下降了。有时候，两人上了一天班，回来忙活完孩子，累瘫在床上，一看表已经晚上12点多了，想着第二天还要早起，什么欲望都没有了。

"怎么办？我看了好些文章，说婚姻生活的关键就在于性生活，如果夫妻之间没有好的性生活，婚姻就会走下坡路。"

毛毛跟我说这件事时的焦虑和无措，是我从来没有见过的，不管我跟她聊什么，她都能绕回性生活这个话题上。但问题是，她只跟我说过，却几乎没有跟老公沟通过。她是大学讲师，口才好得不得了，但在这件事上，她完全不知道和老公从哪里谈起，实在受不了时，会对老公上纲上线到"你不爱我了"这种程度。她老公一听到"你不爱我了"的话，就会忽然耷毛，觉得自己受了巨大的委屈。两人激烈地

吵了几次后就不再吵了，小心翼翼地不再提起这个话题。

性，在我们的亲密关系中扮演着很复杂的角色。一方面是我们知道它常常触发自己内心最脆弱、最柔软的部分，它带来的幸福感很重要；但另一方面是我们认为它太过重大了，以至于我们反而不知道怎么去应对，就像头顶一个贵重的花瓶，不知道该如何走路了。

我常常开玩笑说，人们以前觉得性是危险的、黑暗的，认定性代表某种服从，从不正视在性生活中满足自己的欲望。如今，当代人开始重视性生活的质量，这是好事，但是矫枉过正了，就会导致人们对性生活有了一种新的焦虑，我称为"性爱焦虑"，即认为性爱很重要，不能接受性生活不尽如人意，有一部分人认为只有性生活和谐，这辈子才算完美，但性生活出现问题时他们又不知道该如何面对。

任何一种过度焦虑都会造成注意力偏差，进而使行为发生变化。我们过度关注一个问题时，往往会让问题变得更复杂。无论是在生活中还是工作中，都逃不开这种循环。

想起 Rock 的故事，我忽然说："其实性生活也没那么重要。"我对毛毛眨眨眼。

"你想啊，在婚姻关系中，性关系算是一个重要部分，但并不是唯一的关系。我们在一起，还是生活上的合伙人、志趣相投的好朋友、经济共同体。我见过许多夫妻，他们始终不算拥有和谐的性关系，但双方的性格很合拍，也一直过得不错，不能算完全不圆满。"

毛毛是一副"你又胡说八道"的表情。

"我们最好相信，过上所谓的'美好性生活'的最佳方法便是接受这种观点：人生总是需要做出让步，总会有难以满足的情欲，拥有美好的性生活只不过是偶尔有之的小确幸罢了，不可强求。"这段话不是我说的，是我在《平静的力量》这本书里看到的。毛毛不说话，但此时，她的眉头放松了一点儿。

后来我们再见面时，已经又过了快半年。我问她过得怎么样，她告诉我，夫妻间性生活的次数仍然不算多，因为工作压力太大了，还要养孩子，实在没有多余的精力和体力。但是，一个明显的变化是，夫妻之间变得更亲密了。

"改变是从我们谈论性开始。有一次做爱之后，感觉不是很好，我正沮丧着呢，忽然意识到，我，一个当代独立女性，其实对于谈论性还是会感到很羞耻。那时候我就想到你说的，有美好的性生活只是小确幸罢了。我当时就觉得，性也不是什么洪水猛兽，就算没有，生活不是也能继续吗？如果感觉不好，那就讨论下怎么变好呗。人真是奇怪，我对性生活不那么焦虑后，反而自然而然地说起了自己的感受。我跟老公说，生孩子之后感觉自己的皮肤变得很松弛，好像让我有些抗拒性生活。没想到，我老公说自己是在我生产时被血肉模糊的情景吓到了，又觉得自己很没良心，明明老婆在用性命生孩子，自己还在想东想西。所以，当我指责他不爱我的时候，他好像有一种被人说中心思的羞愧感。他说自己不是不爱我，而是自己也在变化中，不知道怎么适应。后来，他感觉到我对性生活一直不太积极，自己也觉得很沮丧，没想到我是因为不自信。

"那次沟通后，我们都被震惊了。原来一直生活在一起的爱人，竟然藏着这么多彼此不知道的心事。那是很长时间以来，我们第一次好好拥抱了对方，觉得有什么东西在两个人之间'流动'了起来。

"后来，哪怕不做爱，我们也会在睡前好好聊聊天，觉得夫妻关系变得越来越亲密。"

开始，我以为是性爱导致了婚姻生活的不和谐，后来却发现，性爱不过是亲密关系的一个缩影。当我们开始迈出第一步，婚姻生活在其他方面越来越和谐之后，性爱反而显得越来越不重要了。建立在相互信赖与相互忠诚的基础之上的婚姻，还是一样会给人带来好的体验。

"即使性生活满意度很低，但如果两人的亲密度高，也有利于缓解因性而产生的消极情绪。性欲与亲密度之间，也存在一种良性循环。"我的另一个女性朋友也跟我说过类似的体验。她跟老公之间一直有一些性生活方面的问题，但是他们后来有过非常好的性体验，而那恰恰是两人进行了 4 个小时的长谈之后发生的。

性是我们每个人值得拥有的愉悦权利

从完全不谈论性到完成了对性的破冰，毛毛尝到了沟通的甜头儿，开始在性欲与亲密度之间的良性循环里自由上升。

毛毛说："我们会彼此询问在性生活中的感受，对比后我才发现，我们以前真的是完全缺乏沟通。说起来也挺可笑的，明明是身体上最亲密的两个人，却在心里隔着万水千山。我一直自诩为独立女性，其实还是会不由自主地以满足对方为主要目的。其实，我根本没想过自己喜欢什么、需要什么。我记得大学时候读关于女性主义的书，说什么性是自己的权利，看来都白读了。"

沟通的价值，不仅仅在于理解对方，更在于弄明白自己想要什么。沟通时，清楚且恰当的表达也是很有必要的，有利于提供信息，让双方互相了解。但是，很多人往往会把想要什么说成不想要什么。

就像 Rock 的太太，她想要更好地被爱，说出来的却是"你怎么这样对我"。

我们想要对方心疼自己，说出来的却是"我今天累死了，没'性趣'。"

我们想要改变，想要让生活变得更好，说出来的却是"你这个人永远都这么邋遢"。

我们想要一次更好的性爱，说出来的却是"你弄痛我了"。

我们想要被更温柔地对待，说出来的却是"我最难过的时候，哪怕找我的同事安慰我，都不会想到你"。

我们，可真是打击别人的高手啊。这样想来，我又觉得需要给自己一个大大的拥抱，因为从来没有人教过我们该如何正确地表达自己的需求。

在《爱的博弈》一书中，作者介绍了一种非常有趣的建议：著名的性爱治疗师朗尼·巴巴克建议伴侣将性欲划分为 1 至 9 级，以此来进行交流。其中，1 级表示"还是算了"，5 级表示"我也许能被你说服"，9 级表示"好呀，我很想"。一个人可以说："亲爱的，我现在是

8级或9级了"，另一个人可以说："这样呀，我现在是5级呢，不如我们先拥抱和接吻，看看会怎样？"

我第一次看到这个建议的时候，觉得充满了情趣。事实是，这个建议的确充满了心理学家的深意：它可以清晰、简洁地让夫妻了解当下两人的差异，而且不会把差异变成人身攻击的理由。当两人面对有差异的性困境时，他们就有办法进行细致的沟通了。如果一方是8级或9级，而另外一方只是2级或3级的时候，已经充满"性致"的一方要面对对方的拒绝，还没进入状态的一方可以表达自己当下的状态，以及想要什么样的亲密——为的是两人共同进入同样的状态中。"我还在3级呢，你已经到9级了，好羡慕你，快来亲亲我。"这样，本来一不小心就会变成"拒绝—受打击—逃跑"的沟通模式，一下子充满了情趣。一切变得正向起来，这样就可以避免夫妻在性沟通中产生矛盾。

知道自己想要什么，然后以恰当的方式表达出来，这恐怕是性沟通中，甚至是关系沟通中最重要的能力了。

在这个过程中，我们也会有意外的收获，那就是重新被唤醒的自尊和自信。

每一个人，不管他表现得多么强势，其实内心都渴望自己被重视。把自己的需求摆到明面上，然后双方去谈论它，这个过程会让人感受到自己被重视：我们开始意识到，自己是值得被爱的。

一位前辈跟我说："先爱己，再爱人，否则，伤人伤己。"我花了很长时间去理解这句话，才意识到其中的深意所在。

<u>不依附于任何人而存在，不屈从、不控制；知道自己的喜怒哀乐</u>
<u>源自什么，知道自己的优缺点，接受自己，也能欣赏自己；知道自己</u>
<u>值得，也知道自己需要在某些时候努力。基于此，你才能以一个完整</u>
<u>人格去爱别人。</u>

这种"爱己"的觉察，会让我们警惕过度的控制，也因为有独立的自我，我们会乐于与对方保持一定距离，并且欣赏这种距离。这种保持边界的思维模式，会让我们将自己的情绪和想法从关系中独立出来，有助于缓和双方在关系中产生的矛盾。因为我们能保持独立性，所以我们有自己的乐趣，有自己的追求，这在不经意间也防止了我们产生"欲望厌倦"。

当保有完整、独立的自我时，我们会认为自己是性感的。认为自己性感的人，往往会表现出积极的自我形象，并且认为自己值得拥有健康的性生活。一个人是否有吸引力，这对于维持自发性的欲望和性反应来说是一个重要因素。当女性感觉到自己是性感的，感觉到伴侣觉得她们很有吸引力、很有魅力时，她们会更善于在夫妻生活中进行良性沟通。

更进一步来说，如果夫妻双方都认为自己值得得到这种健康的性生活，那会让双方的性生活得到更大的改善。这可能是我们在增强健康的性自我意识当中，需要优先考虑的一个部分。自尊，是指一个人对自己表现出高度的信心，在各种人际关系研究中，自尊被证明是一种非常有吸引力的品质。而与之相呼应的研究则表明，当女性的自我形象、身体形象不良时，她们的自尊可能也会受到影响，性欲也会随之受到影响。

说到这里，也许你已经发现了我的深意：告诉你性生活没那么重要的目的，是想帮我们放轻松。一旦放松下来，你便有了为自己谋求幸福的能力。通过正确、恰当的沟通，来帮助我们获得本该属于自己的愉悦权利。

我们每一个人，都值得这样的愉悦体验。

我的一位朋友，性科普社区的创始人，她说过一段话："我始终坚信，人类爱欲，不只是科普与技巧，不只是色情与刺激，而是减少、治愈人类关系中的隔阂、挫败感的一剂良方，它能帮助你过上更好的生活。"

祝你我被生活温柔对待。

找回"消失的爱人",
终结"丧偶式育儿"

mom 究竟是他们的远离导致了她们的抱怨呢,还是她们的抱怨导致了他们无法回归?

孩子有了,但爸爸去哪儿了?

我创业这几年,接触了许多女性用户,常常听到类似的抱怨之声,比如爸爸不参与育儿,妈妈要一边照顾孩子,一边工作。爸爸的生活却没有发生太大改变,孩子生病的时候总是妈妈请假。总结来说,就是一句话:孩子有了,爸爸却消失了。

从某种角度来看,我老公算是属于育儿参与度还可以的爸爸,我怀孕的时候,他一直陪我做产检、负责联系医院等。当然,由于怀孕过程充满了明显的性别生理限制,即使怀孕期间男性想参与更多,似乎也没有太多事儿能插得上手。我们就这样一团和气地迎来了小核桃。

我第一次觉得老公不太对劲，是自己还在坐月子时。有一天，他下班回来，走进卧室，看到我在看书，对我说："哇，老婆，下班回来看到你跟孩子这样躺着，真是感觉岁月静好啊。"

当时小核桃刚刚结束一阵大哭，我才给他换完纸尿裤，听到老公的这句话，我的第一反应是说："你是公司的 CEO，我也是公司的 CEO，怎么你就能完全不受影响地每天正常工作，而我连朋友圈都不敢翻看了。看到同事们斗志昂扬地工作着，再看看每两小时换一次纸尿裤、喂一次奶的我，我有一种大家都在前进，而自己被抛弃了的感觉。"

老公听完，大吃一惊："啊，可是你现在当妈妈了呀，你现在做的事情多伟大！"呵，听了无数遍的母亲伟大论。他跟绝大多数人有着同样的困惑：一个女性成为妈妈后，为什么还会想要更多呢？她难道不应该完全沉醉于母爱之中吗？你看，我都没有机会，多羡慕你。

当时，我满脑子都觉得那句话哪里不对劲，却表达不清楚。那句话其实是太"正确"了，这个世界给妈妈们戴了太多"正确"的帽子，想摘都摘不掉。

小核桃 3 个月大的时候，我带着他跟我爸妈回青岛住了一两个月。因为我爸妈还要照顾生意，不能在杭州住太久，而我一个人又照顾不了孩子。

老公恋恋不舍地送走我们——他当然没有理由跟着去，毕竟他要上班（以及大家都默认，他跟着去似乎没什么用）。

回青岛的那几个月，我的产后抑郁情绪才真正显现出来。那里虽然是我从小长大的家，但因为多年不住，总有种住在别人家的感觉。跟爸妈近距离接触产生的各种摩擦，照顾宝宝带来的疲惫和失眠，还有我看到同事们一路前进所产生的不安……我不知道该跟谁诉说这些。晚上，我跟老公视频，向他倾诉时，他常常安慰我，说没关系，都会好的。

当时，我的脑袋里一直有两种声音。一种声音是老公工作压力那么大，每天下班回来还要听自己说这些，连爸妈也说老公很有耐心，这种声音很大、很有底气："你看看你的生活，老公得体、靠谱，爸妈悉心照顾，你还想要什么呢？"另一种声音却说："我很不开心，这不是我想要的生活。"可这种声音一点儿也不"正确"，一点儿也没有底气。

有一天，我和女性朋友菜菜聊天，我们聊到"当妈妈后有没有哪一刻觉得很崩溃"这个话题。

菜菜说："不是哪一刻，是好多时刻。"

"比如控制不了自己的情绪时，费力做了牛肉炒饭而人家不要吃时，加班不能回家照顾她时，周末不能陪她，她不开心得大叫时……"但菜菜最崩溃的一次，是生完孩子几个月后的一天晚上，老公因为受不了孩子半夜反复醒来，抱着被子去隔壁房间睡了。

"其实，孩子醒来也不需要他做什么。"我认识菜菜这么多年，她为数不多的脆弱时刻，都暴露在当妈妈这件事儿上。"夜深人静，我一个人给孩子喂奶的时候，她像一条暂停的小飞鱼被我抱在怀里，仰着头吃奶，眼睛闭着，全身心地依赖着我，无比安静。这好像是那段苦不堪言的时光里，我唯一的安慰。"

她用"苦不堪言"来形容那段时间。

"你不拉着老公帮忙吗？"

"其实也还好啦，毕竟我老公白天要工作，而我在家休产假嘛。"

爸爸从养育中溜走，好像是自然而然就发生的事。

这几年，国内出现了一个新词，叫作"丧偶式育儿"，意为抱怨那些当爸爸的人，要么忙于工作，要么耽于玩乐，在家庭生活中，尤其是养育孩子上，在和不在是一个样儿。照顾孩子几乎变成了妈妈一个人背负的重担。

这种现象在很多国家存在。据《2017 中国家庭亲子陪伴白皮书》显示，在 55.8% 的家庭中，日常陪伴孩子的是妈妈；爸爸陪伴较多或爸妈陪伴一样多的家庭仅占 12.6% 和 16.5%。

在美国，这种现象叫"父亲的沉默"。据《美国人的时间安排调查（2010）》表明，母亲在照顾小孩上花费的时间一般是父亲的 2 倍，母亲在家时往往会多线程做家务，而父亲基本上是每次只做一件事情。

国内的一档综艺节目《做家务的男人》开播，邀请了很多艺人夫妻参加，其中让某位演员圈粉无数的却是这么几件事，比如早上 6 点起床，做早餐，然后带娃。观众看完后称赞："他的妻子一定是上辈子拯救了银河系！这得是多少女人的憧憬啊？"

这档综艺节目一开始就公布了一组数据：中国女性的就业率排名世界第一；中国男性做家务的时间排名世界倒数第四；中国女性平均

122

做家务的时间比男性多 81 分钟。现在，家务琐事已逐渐成为中国夫妻离婚的第一大原因。

为什么我们很容易因为家务琐事跟另一半吵架呢？比如出门前简直是夫妻吵架高发期。很多妻子都有过困惑，为什么自己出门前会经常让老公等？因为妻子每次出门前都太忙乱了。除了自己的妆容，妻子还要想孩子要搭配什么衣服、老公的皮带放哪里了、孩子出门后要是肚子饿了吃什么零食、家里哪几个垃圾桶满了要扔掉、哪些给亲戚的礼物要寄走、门窗有没有关好，甚至要想猫粮、狗粮有没有放好……

妻子的脑中有 108 件要做的事情。这种精神层面的筹划，其实也是家务的一种，家务不只是买菜、做饭和洗衣服等体力劳动。

可是对于老公来说，他们需要做的就是洗脸、穿衣服，然后站在门口抱怨妻子出门太慢。他们以为家里的地板永远是干净的，饭菜永远是香的，衣服永远会自己变干净，并且码放整齐。他们以为找不到什么东西时，只需大喊一声"老婆"，东西就自动出现了。

家里最焦虑的那个人，总是女性。法国漫画家埃玛画过一组漫画，叫作《家务中的性别战争》。在漫画里，她提出一个词，叫作"精神负荷"。这个词是什么意思呢？当丈夫认为自己该做什么家务需要妻子来提醒的时候，他其实是把妻子默认为"家事经理"了。在职场中也有项目经理，负责统筹整个项目，但问题是，项目经理不需要去做所有细节性工作。可是在家里，丈夫默认妻子既是经理又是一线员工，要统筹和做完所有事情。

这使得女性在家庭生活中常会产生极大的疲惫感和焦虑感。在我们家，我很少看到我妈在沙发上踏踏实实地坐着。从小到大，倚在沙发上看电视的，通常只有我跟我爸。我妈偶尔坐下来也会很快就"弹起来"，"哎呀，牛肉还没解冻，晚上要吃的"，"哎呀，泡着的衣服还没洗"……

每次我跟我爸劝她别忙活的时候，她都会表现出很大的愤怒——但她从来没有讲清楚自己为什么会这么愤怒。直到几十年后，我从事了女性成长研究的工作后，才真正理解了我妈，还有这个世界上多数焦虑的女性。

是我们推开了爸爸，还是……

我心疼我妈时，也告诉自己要采取措施，避免成为和她一样焦虑的女性。

首先，我们要从意识层面理解为什么爸爸会从家庭里消失。

生理因素决定了男性需要花费更长的时间才能完成角色转换，但在他们参与育儿的过程中，还有更多障碍，其中，以社会文化为主要障碍。过去的文化定义了男性气质，旧时文化认为男人"应该不那么儿女情长，应该做个严父，应该把时间、精力放在事业上，特别是男性表现出更多的温情、细腻、体贴时，会被文化排斥"。[8]

埃玛在《家务中的性别战争》漫画里写道："文化和媒体将女性塑造为母亲和妻子的角色，而将男性刻画为不断离家探索冒险的英雄。这种情况从人生早期就开始影响我们，并一路潜移默化地影响我们至成年。越来越多女性外出工作的同时，她们依然是家庭内务的唯一负责人。而我们成为母亲后，这种双重职责便如泰山压顶。在我们告别生产之苦的 11 天之后，我们的伴侣就回去上班了。这对他来说稀松平常。"

我的一个男性朋友任先生，已经做了爸爸，之前是高盛公司的高管，在职场上春风得意。有一天回家后，他想抱抱 7 个月大的儿子，但那个小人儿用陌生的眼神看着他，号啕大哭。任先生不知所措，忽然感到很难过。"钱可以慢慢赚，孩子长大却是一瞬间的事儿"，所以任先生做了一个决定——辞职，回家带娃。没想到，这样的决定让他承受了一些异样的眼光。任生生这才意识到，中国社会对于全职爸爸的宽容度远没有全职妈妈高，"一位女性选择当全职妈妈，别人也许会说她真关心孩子，而一位男性选择当全职爸爸，别人可能会说他真没出息"。

回溯费孝通先生在《生育制度》中对双系养育的观察（见第二章第 59 页），我们将性别作为分工的直接标准，这种方式在将女性束缚为养育的第一责任人时，也把男性完全捆绑在事业上。

被性别标签束缚的，是男性和女性。

我的一个男性朋友，他的性格、脾气都很好，口头禅是"不错不错"，所以我们称他"不错先生"。不错先生的女儿降生时，我也才当妈妈半年。有一天他来看我，跟我聊"新手爸妈经"，我以一副过来人的姿态念叨："当妈妈太辛苦，你们这些当爸爸的，哪里操得了这份心？你不知道吗？世界上有种睡眠，叫作爸爸般的睡眠。"

不错先生一如既往地嘿嘿一笑，等我说得差不多时，他忽然没头没脑地说："我前几天给女儿写了一封长信。我好像从来没有给女生写过这样的信。但是，你知道吗？除此之外，我不知道自己还能做什么。在那个家里，我像个外人，做什么事完全插不上手。

"我好像是当了爸爸后才意识到其他人对男性的歧视。周末我难得回家，想给女儿喂奶、换纸尿裤，结果被我丈母娘说：'你这笨手笨脚的，可别呛着孩子。'

"我想那自己就别添乱了吧，回去工作，多挣点儿钱给女儿读书用。然后，我就变成'妇女公敌'了，被老婆、丈母娘和我妈指责，说我不负责。"

听到这儿，我有点儿难为情，因为就在半分钟前，我也在摇头晃脑地笑他"有了孩子后，好像也没发挥什么作用"。

他叹口气，接着说："我身边的一些男性朋友也有这种感觉，好像我们这些新手爸爸怎么做都是错的。"

那时候，我还在为老公的"失职"而心存怨愤，听到这里，忽然想起了一些自己以前从来没有在意的细节。在初为人父的那几个月，他自己也像个孩子，看什么都觉得新鲜，晚上八九点下班回来还会盯着沉睡中的小婴儿左看右看。长辈路过房间时常常笑他："你双手插着裤兜，这是来家里做客吗？"

那时，我失眠得厉害，所以老公提出晚上要自己带孩子。结果，这位新手爸爸换纸尿裤要十几分钟，我跟着醒来时，在一旁寒碜他：

"等你这片换完，又要换下一片了。"

半夜小核桃哭了，老公迷迷糊糊地爬起来，半天没弄明白发生了什么。那时，我早已经惊醒："我来吧，就是几分钟的事儿。"忍不住嫌弃他。早上醒来后，我对着全家吐槽："说是照顾孩子，等他干完，天都亮了。"

在那几个月里，月嫂负责照顾小核桃，爸妈负责照顾我，我负责产奶。带孩子回老家时，众人对被留在家里的老公说："你白天那么忙，睡不好怎么行？再说，你也帮不上什么忙，还跟着操心。我们会好好照顾小核桃的，很快就回来。"

那时还没有出现"丧偶式育儿"这个词，身边所有人都觉得这种做法很正常。"男人就是不擅长照顾孩子啊。"一句话，死死封住了我们每一个人其他的可能性。

不错先生的几句话，好像给了我当头一棒。

"有没有可能，是我们合谋，把爸爸从养育孩子的领域中一点点赶走的？"我忽然想起有一次小核桃生病了，所有人围着他打转，在慌乱之中，我一抬头，看到老公站在房间的一角。他在自己家里不知所措。

不久之后，我跟另一个朋友聊天，她说月子期间老公每天都跟着她一起起夜，给孩子换纸尿裤、喂奶。早上，老公晕晕乎乎地爬起来去上班，她迷迷糊糊地爬起来在家照顾孩子。有一天，他们俩互相看着，发现老公胡子拉碴，老婆胸前一大片奶渍，两人忽然哈哈大笑。她跟我说自己没什么产后抑郁情绪，因为老公比她还惨。

她当时不过是随口一说，我却在电光石火间像理解了什么一样，有什么东西在我的脑中逐渐清晰起来。

重新发现爸爸的存在

《人民日报》的官方微博曾发过一条有关父亲的互动微博，请读者用几个词评价自己的父亲。大家本以为微博下会是温馨的评论，结果排名靠前的评论里都充斥着对父亲回避育儿责任的不满。此互动微博下点赞次数最多的一条评论是："凑合用吧，还能换是咋的……"

换作几年前，看到那条评论，我也会跟着点赞。但现在，我想知道的是，在这些讨伐的声音后，爸爸想说什么？

我的朋友李松蔚是一名系统式家庭治疗师，他擅长从系统的角度去分析出现的问题。系统的意思是，没有一个问题是单独存在的。人与人之间，事物与事物之间，总是存在着交互，不能头痛医头、脚痛医脚。所以，把问题放到更大的背景下去考虑，看到其他人、其他事物、其他环境因素对问题的影响，往往就可以看到故事的另一面。

关于"丧偶式育儿"，他的观点一直很清晰："我压根儿就不信'爸爸天生对家庭没有兴趣'那一套说法。我相信，家庭当中发生的每一件事都是合谋的。如果爸爸表现得很冷淡，那不仅是爸爸本人的选择，背后也多少体现了妈妈和孩子的意志。"[9]

有一次，他向我分享了一个案例，帮助我看到了爸爸是怎么被全家人一点一点推开的。

他做家庭咨询时会要求一家人都在时约下一次咨询的时间，此时每个家庭成员的反应也能说明一些问题。

> 爸爸说："下周我要出差。"
>
> 咨询师说："那我们推迟一周，再下一周见面？"
>
> 妈妈比较性急，她说："下周就我和孩子两个人过来吧！"

李松蔚问我："你发现了吗？妈妈这时候的潜台词是：爸爸来不来无所谓。"

在生活中，我们也常遇到这种情况，妈妈们（代表家庭）常常传达出类似的信息："别问爸爸了，他懂什么？"

"爸爸嘛，就那样，恨不得家里不管有什么事都不要烦他。"

"他才不是淡定，他只是不关心。"

"他在不在，都一个样儿。"

"他不可能来的……"

"他在家也没用，什么都不会做。"

就是因为妈妈们的这些反应，制造和维持了很多家庭的"丧偶式育儿"。

我们可以从系统的视角看到妈妈们的问题所在：她们一方面抱怨爸爸没有存在感，另一方面又拒绝看到爸爸的存在，甚至不愿意坚持让爸爸留下来，反倒挥挥手送他们离开。现在，我们已经分不清，究竟是他们的远离导致了她们的抱怨，还是她们的抱怨导致了他们无法回归。

根据李松蔚多年的咨询经验，他发现部分家庭会坚持无视爸爸的存在，有时候爸爸本人也会认同这一点（默默地躲在角落里，你有事问他的时候，他就像个机器人一样"嗯啊"两声）。部分家庭的惯性思维是：别考虑爸爸的存在了，他根本不重要。你看吧，他果然什么都不做。

每到这时候，李松蔚会坚持说："不行，家庭里的每一个人都很重要。"这样的坚持，常常成为改变家庭关系的一道分水岭。

他记录过这样一次咨询：

有一次，我跟一个家庭无论如何也安排不好下次咨询的时间，因为爸爸非常忙，未来几周排满了会议和航班。此时，妈妈已经死心了："就让他缺席这一次吧，这一次真的没关系。"爸爸也频频点头，不断看着手表，准备结束谈话。

我终于让步了："好吧，那下次咨询的谈话录音，请爸爸抽时间听，好吗？"

爸爸和妈妈都瞪大了眼睛。

爸爸说："需要吗？"

妈妈摇头："即使录了，他也没时间听。"

爸爸说："是是，项目都排满了……"

我说："要不要听，这是爸爸的选择。但是，我们这个家庭会谈中的每句话，要让爸爸有选择要不要听的权利。毕竟他是这个家庭的一分子。"

我又对爸爸说："这样，至少我们就不敢在背后说你的坏话了。"

大家都笑起来。

爸爸自嘲地挠头："她们在我背后说的坏话还少吗……"

那段谈话意外地成为整个咨询的分水岭。咨询中提到的爸爸是一家大公司的高管，每次咨询时都在一心多用。那一次以后，他对咨询参与得越来越积极，无法当面参加就用视频方式参加，从来没有缺席过。妈妈曾认为他不会听的录音，他也听完了。

在这场家庭咨询里，我用了什么手段吗？做了什么感人肺腑的思想教育吗？并没有。我做的事很简单，就是当妈妈认定爸爸在不在都没差别的时候，我没有听她的。

所以，如何在家庭里重新发现爸爸的存在呢？

答案很简单，只要这个家庭愿意承认爸爸的存在，并正视爸爸的存在。其实，爸爸本来就是存在的，只是需要我们看到他。

找回"消失的爱人"

我们家现在已经完全没有"丧偶式育儿"这一说了，即使有，丧失的也是我这个妈妈——孩子两岁时，我开始创业，平常每天工作16个小时是常态，周末时我会尽量陪小核桃，但是临时出差的情况常常发生。老公则会在这些时刻默默奉献，陪小核桃讲故事、学英语。我回首自己的家庭差一点儿就要经历"丧偶式育儿"的过往时，发现是系统式视角让我找到逆转局势的方法：

> 看到：家庭关系要一个松，一个才能紧；
>
> 做到：各自承担，分工协作。

家庭作为一个系统，其中每一个人都承担着某种角色。在通常情况下，妈妈是家里最焦虑的那个人。以前在我们家时，我总是那个手忙脚乱的人。"妈妈每次出门，都要再回去一趟，因为她肯定会落东西。"连小核桃都知道这一点。之前，每次一家人外出，老公跟小核桃就会坐在门口等我，互相大眼瞪小眼："妈妈，你好了吗？"我忍不住叫嚷："小核桃出门要带的水杯、零食，还有洗衣机里洗好的衣服，都要拿出来啊。你们都坐在这里等，总得有人准备吧？"

但是，有了"一个松一个紧"的意识后，很多朋友反而把这种意识变成了抱怨对方的依据，像我之前一样。"要不是我承担了紧张、焦虑的角色，你们能这么松松散散吗？"

抱怨解决不了任何问题，只会把你想得到的东西推得更远。

我记得读大学的时候，有一次跟我爸打电话，抱怨室友不主动打扫卫生，寝室里有一地头发和成团的灰，所以我每天拖地要拖好几遍。

我爸听完我的抱怨，跟我说了一句话："是你忍受不了，而不是别人，除非你能影响别人。"当下我心里一震，心想果然姜还是老的辣。他的这句话里，有两个意思：一是每个人的要求不一样，你觉得脏，人家觉得很舒服，别拿自己的标准要求别人，这不是别人的义务；二是不能因为自己要求高就去做牛做马，你也可以影响别人，进行分工合作。

在家庭关系中处理问题，也是这个道理。有一个女性用户向我抱怨自己的老公，说他回家什么都不做，就躺在沙发上玩手机，而自己下了班回家却要拖地、洗衣服，忙得团团转。我问她："那你一边抱怨，一边在做什么？"她完全没意识到我为什么会这么问，马上说："我能怎么办？我只能继续做啊。""所以，他只要忍受你几句唠叨，就可以继续玩手机，而且家里的卫生你全包，是吗？"

她听完愣了一下，没说话。

有时候是我们自己一直"维持"着问题，却毫无觉察。

系统式视角可以让我们看到，没有一个问题是单独存在的，在他身上出现的问题，也一定是我做了什么的结果。在家庭中，我开始适当"退出"，给他们父子俩足够的空间。我这才发现，放手对妈妈来说也不是件容易的事儿。比如他们俩在阳台玩得满头大汗时，我差一点儿就要脱口而出："一上午也不喝水，衣服还玩得这么脏，怎么回事啊？"

在这种时刻，停住是最重要的。停住，你就可以看到，爸爸的养育理念是陪孩子痛快地玩耍；妈妈的养育理念是保证孩子的健康。事实上，我们只是在养育过程中承担了不同的角色，而这些角色对于孩子的成长来说是同样重要的。孩子需要知道，有时候照顾好自己很重要，有时候专注地玩一场也很不错。明白了这些，也许我们这些父母就可以放下对彼此的成见，像合作者那样去沟通。

没错，就是分工合作。人类的生活之所以好于其他动物，最直接的原因是人类大大利用了分工合作的经济原则。工作时，大家各司其职、各展所长，每个人都把自己的责任履行好，公司十有八九不会出大问题。在家庭关系里，也是一样。

后来，我开始邀请老公跟我互换角色，为此甚至开发了一套牌，用来强制我们互换角色。这套牌的制作方法很简单：准备一些空白卡片，写上不同的角色名称，任何角色都可以，根据不同的家庭情况自行决定即可。比如，这个周末外出时，我抽到的角色是"没心没肺的妈妈"，那我一整天只要负责跟小核桃玩就好了，不能动不动就皱起眉头扮演"严厉的妈妈"这个角色；老公抽的是"劳心劳神的爸爸"，那他就要负责全家外出时的吃喝拉撒。

也可以设置比如"健康大使""美食博主""语文老师""故事大王"等角色。只要能把日常固化在某一个人身上的身份剥离出来，让另一个人去体验，玩这套牌的目的就达到了。

我老公常常在周末抽到"美食博主"的角色（他甚至觉得这是我安排的），所以在整个周末，不管是叫外卖，还是自己动手做，他都要安排得妥妥帖帖。以至于到了周日晚上时，他瘫倒在床上说："吃饭真的是太麻烦了，我感觉自己可以一周不吃饭。"

这话传到我妈耳朵里时，她笑得前仰后合："他终于知道我们天天准备一大家子的饭有多不容易了吧？"

这套牌的底层逻辑，其实是让家庭中的关系"流动"起来，让每个人跳出自己的视角，切身体会到每个人都是这个家庭中不可或缺的一员。

分工合作的前提是抛开对错，是看到每个人都在承担自己的责任，是看到怎样分工才能高效维持家庭运转。小核桃4岁那年的春节时，我们全家去新西兰自驾游，老公全程负责订机票、安排路线，我跟小核桃在车上睡得东倒西歪，一睁眼就到了不同的目的地，下车就可以吃喝玩乐，高兴得要命。

在回程的飞机上，老公松了口气地说："终于可以放松了，我一路上都紧张兮兮的，生怕哪里出问题。"

最后，我跟小核桃纷纷表达了对爸爸的感谢："要不是爸爸操心这些，操心的就该是妈妈了。"5年前，他可是每天游离在家庭外的爸爸，第一次陪小核桃去小区散步时，小核桃已经出生半年了。

时间是我们最好的朋友，对重要问题的理解和优化，也是。

参考文献

1. 约翰·戈特曼，娜恩·西尔弗.幸福的婚姻：男人与女人的长期相处之道 [M]. 刘小敏，译.杭州：浙江人民出版社，2014.

2. 人生学校.人生学校：爱情的真相 [M].冯倩珠，译.北京：北京联合出版有限公司，2018.

3. 龚利琴.爱与性的实操手册：让你爱的人更爱你 [Z].杭州：Momself，2018.

4. 李银河.李银河说爱情 [M].北京：北京十月文艺出版社，2019.

5. Kristen P.Mark,Julie A.Lasslo. Maintaining Sexual Desire in Long-Term Relationships: A Systematic Review and Conceptual Model[J]. The Journal of Sex Research, 2018, 55 (4-5): 563-581.

6. 阿尔弗雷德·C.金赛.金赛性学报告 [M].潘绥铭，译.北京：中国青年出版社，2013.

7. 贺兰特·凯查杜里安.性学观止 [M].胡颖翀，史如松，陈海敏，译.北京：科学技术文献出版社，2019.

8. 张月.《人物》：解救"丧偶式育儿"，父亲能做什么 [EB/OL]. (2019-6-17) [2020-8-10]. https://dwz.cn/VITAisps.

9. 李松蔚.丧偶式育儿：如何重新发现父亲的存在？ [EB/OL]. (2018-7-17) [2020-8-10] http://lisongwei.blog.caixin.com.

4

隔代养育的怕与爱

"我都是为了孩子好"，
是真的吗？

mom 如果我说家庭关系跟物理学难题一样复杂，你信吗？

小核桃出生后的前 3 年，我跟我爸妈，特别是跟我妈的关系，一度非常复杂。

从我孕晚期开始，我爸妈就来到杭州照顾我。小核桃出生之后，他们更是承担起大部分育儿工作，还要顾及刚生产完身体虚弱的我。一方面，我很心疼他们，就那么一两年的时间，我妈老了很多。有时候，她为了让我能多睡会儿，会主动提出晚上带孩子。这把年纪睡眠不够，白天又停不下来，忙前忙后，导致我妈衰老得非常快。有一天，我翻到自己怀孕前跟她去日本玩时拍的照片，看到当时又美又年轻的妈妈，再跟眼前的她一对比，心扎扎实实地痛了一下。短短几年，人的衰老速度肉眼可见。

另一方面，他们为了照顾小核桃，提前结束了在青岛经营了很多年的生意，来到人生地不熟的杭州。他们在青岛时，日常跟亲朋好友喝酒聚会、逛街旅行；来杭州之后，他们减少了很多休闲活动。这些我看在眼里，记在心里，对他们有很深的感激之情。

多亏有了他们的帮忙，我才有底气在小核桃两岁的时候选择创业。在工作和家庭有冲突的时候，他们的存在，是我在事业上一往无前的强大支撑。

即使这样，我也没办法对我们之间养育理念的不同视而不见。

我从18岁读大学时离开家，独自闯荡，一直在外面待到30岁，跟父母有长达12年不在一起生活。我一度以为自己已经与原生家庭和谐共生了，但后来我才意识到，那只是因为我们没有生活在一起罢了。当爸妈重新回到我的生活中时，一种强烈的感觉卷土重来。他们不仅让我重新感受到了自己在原生家庭里感受到的种种束缚感，而且带来了更难处理的冲突。生活中的很多冲突都是围绕小孩子展开的：什么时候喂辅食，要不要一直抱着哄睡，怎么培养他的好习惯，到底是多吃一口饭重要还是自主意识重要，不要一直否定他、唠叨他，一味放任并不好，等等。孩子把生活的琐碎推向了顶峰，在我们自己身上可以糊弄过去的事情，到了孩子身上，都显得无比重要。

当我跟身边的女性朋友们交流这些时才发现，隔代养育几乎是我们这代人成为妈妈后最措手不及的一个问题。这跟最近几年中国人口老龄化、城市化、女性社会化的现状有很大关系。我们这代人多是独生子女，老人们给予的关注度本身就高，再加上现代社会竞争激烈，想要在工作中取得一番成就，不百分百投入根本不可能。这也使得我们在育儿时不得不向自己的父母求助。我看到一组数据，祖父母与孙辈居住在一起的比例达到 66.5%，两者每周见面次数大于 4 ~ 5 次者达 64.0%[1]，帮助子女照顾孙辈的老年人比例达 66.47%[2]，祖父母甚至被一些媒体称为儿童早期教育的"第 3 代父母"[3]。

隔代养育，可能是"80 后""90 后"这代父母最常遇到的一个问题了。

我有一个女性朋友，叫 Mandy（曼蒂），是中国顶级律师事务所的合伙人，工作上雷厉风行，谈判桌上逻辑清晰、伶牙俐齿。这样一个女强人出现的为数不多的混乱时刻，都暴露在当妈这件事上。她生了孩子后，很快就回到职场了——很多案子等着她。顺理成章地，她的妈妈开始帮她带孩子。有了妈妈的支持后，虽然她可以腾出更多时间工作，但是在孩子的养育问题上，两个人的冲突不断升级。当孩子越来越大时，Mandy 发现自己的妈妈控制欲太强了。

"这怎么行啊，把孩子的自主性和探索欲望都扼杀了。

"但是，我每次说我妈，她都很不服气，觉得我就是被这么带大的，不也好好的，不也很优秀吗？

"我跟她根本说不清楚，每次只能吵架。"

Mandy 跑来向我诉苦的时候，我有点儿好奇："你在工作上多能干啊，怎么在这件事儿上好像一点儿办法也没有？"她说："不一样，因为处理家庭关系时人会有情绪。不知道为什么，在工作上出奇冷静的我，一进家门就'上头'，特别不愿意用理性思维看待问题。"

这不是 Mandy 一个人遇到的问题，很多人都有类似的感觉——跟家人讲不了道理，一张嘴就上火。好像在家里，情绪总是占上风。出现这种问题也正常，这在生理上叫"杏仁核绑架"。我们的情绪是由大脑里的杏仁核控制的，杏仁核深藏在大脑底部，是大脑强有力的区域之一。这个区域会简单化地处理信息，让你做出本能的反应。尽管你感觉不到它，但它时刻控制着你的行为。比如，当你被激烈地批评了，或者感觉被冒犯了，杏仁核就会向身体发出准备战斗或逃跑的信号：你会感到心跳加速、血压升高、呼吸加快、肌肉紧张。所以，有研究者将此种现象称为"杏仁核绑架"。在这种时候，我们要么跟家人吵，要么逃避问题、拒绝沟通。

但人的身体结构很神奇，有主管情绪的部位，就有主管意识和思考的部位，叫作前额皮层。这个区域应用逻辑和推理，代表的是思考的力量。我们在工作时反应得体、逻辑清楚地分析问题，就是这部分区域在发挥作用。

也就是说，从身体结构上来说，在任何时候，我们都是有条件启动理性思维的，那为什么独独面对家里人时，我们就不愿意、没办法启动这一正常功能了呢？很多人觉得，跟家里人在一起特别难讲道理，越是面对亲密的人，自己越是没有耐心。很多人会认为"既然你是我最亲密的人，那你就应该无条件地懂我"。

但我觉得，除了上述原因之外，还有一个更重要的原因：不是我们不想启动理性思维，而是我们不会启动。因为我们没有被教过怎么处理家庭问题，所以，即使我们想启动理性思维，好像也无从下手。

不过度卷入，是最好的爱

[mom] 别以爱的名义，把局面越搅越乱。

过度卷入是隔代养育问题存在的根本原因

"我也不是真的毫不作为，也试着去处理过，但是好像越处理越乱。我就觉得面对家庭关系时，自己的智商不够用了。"Mandy 跟我这么说过。

这让我想起自己跟老公的一次争吵。

那天早上，我妈打来电话说送小核桃去幼儿园时，外教老师站在门口跟每一个小朋友打招呼、聊天，而小核桃对老师总是不理不睬的。我妈问小核桃为什么不理睬，小核桃说："我不会说啊，也听不懂。"

我妈小心翼翼跟我说："我也不敢跟小核桃的爸爸说，每次说，他都不高兴。因为你们不送小核桃去幼儿园，所以根本不知道他已经落后了。"

电话挂掉之后，我跟老公说起这事儿，我们之前有过教育分工，英语是他负责的部分。

"你有没有好好教小核桃学英语啊？"

"有啊，每周都教。"

"那小核桃为什么进步这么不明显啊？"

"学英语是需要时间的，这是长期的事儿，不能因为几次不跟外教聊天，就判定小核桃的英语不行啊。"

"我妈每次都会说这个事儿……"

"你妈的电话一响，我就知道我们肯定要为这个事儿吵架了。"

……

我们俩越吵越凶。吵到后来，我根本不觉得我们真的是在为小核桃的英语不好而吵架，也厘不清这异常的愤怒背后，到底是什么。

后来，老公问了一句："为什么你妈不跟我直接说，非要到你那里绕一道？"

这句话让我愣了下，我的愤怒和混乱开始有了点儿头绪。

我小时候有过这样的经历——我爸妈吵架，互不理睬，让我在中间传话。

"让你爸来吃饭。"我噔噔噔跑去找我爸，我爸说："你们先吃吧，我不吃了。"我也不知道怎么办，安慰了我爸几句，又跑去劝我妈，我妈说："不吃我们就收了，以后再也不做饭了。"

"爸，你快来吃吧，一会儿就没饭了。"

"永远都是这样，有话不会好好说，动不动就威胁！"我爸冲着我喊。

我小时候最怕的就是这种情况，两头劝，但我总有种自己越努力、事情越糟糕的感觉。我可能一次劝好了两个人，但没多久他们又会吵架，我又成了"夹心饼干"。夹在我妈和老公之间的感觉，似曾相识，但一下子我又想不太清楚，就暂时搁下了。

没过多久，我在公司处理了一件事儿，给了我不小的启发。

同事小悦和小潘是两个能力很强的姑娘，但是两人一直配合不顺利。有一天，小悦前脚才在我的办公室说两人之间的配合有各种问题，小潘后脚就进来了。听她们说完之后，我基本判断出，她们的问题跟公司制度没有太大关系。于是，我问了她们两人同样的问题：直接跟对方表达过这些问题吗？

小悦说表达过，但是对方根本听不进去；小潘说没有表达过，不想跟对方沟通。

"你们之间的问题，如果需要我的建议的话，我会建议你们直接跟对方进行沟通，把所有意见和建议表达清楚。因为这是你们作为两个成熟的职场人必须去解决的问题。如果实在沟通不了，我会拉上你们，三个人坐下来，把事情摊开来谈清楚。"这是我给两人最后的建议。

这种方法在管理上叫作"透明化处理"，就是把一切问题还原到当事人身上，不做任何不透明的处理，不传话、不偏听。因为本身就是两个当事人之间的问题，所以首先要让他们有跟当事人沟通的勇气。有人在中间传话，很有可能把事情弄得更复杂。

在心理学上，这样复杂的人际关系叫作三角关系，是著名家庭理论学家默里·鲍恩提出的。什么是三角关系呢？就是两个人遇到问题时，不能直接处理，而是通过第三个人进行平衡。

我爸和我妈，我老公和我妈，小悦和小潘，他们之间都有一个共同点，就是他们不能进行一对一的、以解决问题为主要目的的沟通。有诉求不提，有火发不出，导致问题不能得到妥善解决。他们纷纷看向我，想通过我进行平衡。小时候，爸妈通过我把诉求表达出来、把火气发泄出来后，他们之间剑拔弩张的气氛得到了缓解。当时，我小小年纪，啥也不懂，忙着两头哄、说好话。但是，经过短暂的平衡之后，他们还会因为其他理由让历史重演。因为根本问题并没有得到解决，也不是我能解决的。毕竟，根本问题在他们两个人之间，很有可能因为我的参与，他们俩的矛盾变得越来越复杂。

你是不是觉得很惊讶，我们一对一解决问题时很简单，现在不过就是多了一个人，从两个人的纠缠变成了三个人的纠缠，事情就变得如此复杂了吗？

从二人关系到三人关系，不是加了一个人这么简单，而是使关系的复杂程度提高了几个量级。就像物理学中的三体问题一样，如果一个星系中有两颗恒星，构成双星系统，它们的运动轨迹稳定而简单；如果一个星系中有三颗恒星，它们的运动轨迹就会变成物理学中一道著名难题——三体运动难题，其运动轨迹连超级计算机都很难精确计算。你也许会说，太夸张了吧，家里的那些事儿能跟物理学难题相比？其实，很多人不愿意承认人际关系也会像物理学难题一样难解，不想花费太多精力去应对——这恐怕是"Mandy 们"觉得家庭关系很麻烦的最大原因了。可事实是，我们最好承认，处理好家庭关系，可能是天底下最困难的事情。有这种正视问题的态度后，才会真正开始解决问题。

那天下班，在开车回家的路上，我忽然意识到，小悦和小潘，跟我妈和我老公的情况，从本质上来看是一样的。面对这种情况，我在公司里解决起来轻车熟路，怎么到了家里，我就失了方寸、毫无方法了呢？

沿着这个思路回溯，我才意识到，我妈和老公的矛盾不仅仅在一件事儿上。其实，在要不要给小核桃喂饭、给小核桃报什么兴趣班方面，他们之间一直有大大小小的矛盾。每次矛盾一出现，情况就变成两个人各自跟我吐槽，我再马不停蹄地去协调。有时候他们会更生气，因为我帮一方说话，就显得背叛了另一方。

结果呢，我自己一次次被卷入，感觉一直在旋涡里挣扎。更让我沮丧的是，哪怕我这么费劲地周旋，两个人的关系也不见得好起来了。因为他们之间的根本问题是：要抢夺对这个家的控制权。在我以前的家里，我妈习惯自己说了算，而在我妈进入我们这个小家之前，老公也乐于享有对一些事情的支配权。现在，他们生活在一起，一个家里有两个想做主的人。老公觉得我妈太强势，而我妈觉得老公不作为，两人一直没有正面地沟通。

而我呢，之所以没有办法破局，是因为我根本不应该入这个局——我以爱的名义，把局面越搅越乱。

复杂关系简单化，分工合作效率高

既然看透了局面，我就知道了破局的关键点。在心理学中，处理三角关系的关键是：化繁为简，变三为二。将三角关系转变为两两之间的关系，做到两个人的问题在两个人之间解决。

那天回去之后，我组织了一次家庭会议，参会人是我妈、我和老公，旁听人是我爸和我儿子。我委婉地表达了两人想争夺家庭控制权的问题："大家都是为这个家好，都是为小核桃好，只是有时候，都觉得只有自己是对的，只有自己对这个家才是最上心的。其实，很多问题只是因为我们爱这个家所表现出的表达方式不同罢了。我要跟大家说明一点：要想让这个家更好，那就要确定什么是你跟另外一个人之间的事，你们自己解决；什么是你跟我之间的事，我们来解决。总之，不能再把第三个人卷入同一件事情当中。"

为了进一步避免三角关系，在家庭会议上，我们还明确了分工：爸爸负责小核桃的部分教育工作，包括择校、报兴趣班、英语培训和下象棋；姥姥和姥爷负责小核桃的健康、饮食和日常陪伴；我负责小核桃的情绪、人格培养，且对小核桃的写作和表达能力做一定程度的引导。每一个人负责的部分，后续肯定会有交叉，如果双方有不同意见的话，本着公开透明的原则，请跟每个部分的负责人直接提出。当然，最终决定权在具体部分的负责人和小核桃手上。我们可以每个月开一次家庭会议，针对每个人负责的部分进行沟通——"但我们都需要明白，我们只是小核桃成长路上的同行者，他才是能对自己的人生负责的那个人。"

开完这个会，我才发现自己出了一身汗——主持家庭会议，绝对比主持公司大大小小的会议难多了。最难的地方在于，我太在乎这些人了，因为他们跟我血浓于水，他们的喜怒哀乐、疼痛和健康都跟我的生命和生活息息相关。

但我知道，越是难，越是需要突破，因为家是我内心深处最坚实的后盾。我在创业路上，被质疑、被否定，连续每天工作 16 个小时是常态，累到掉眼泪，犯错时不断怀疑自己。在这些时候，回家吃顿晚饭，是我安抚自己的方式：打开门的瞬间，家里有饭香、有笑声，这就够了。我不需要让他们知道我的压力和焦虑，他们只要在，已经给了我莫大的勇气了。家对我来说是如此重要，值得我花时间和精力，好好经营。

"一切为了孩子"，可能是一个误区

当我们找到根本问题，把三角关系回归到两两关系，明确各自的分工之后，原本的隔代养育冲突在我们家引起的风浪，越来越小。

但喂饭问题一直是老公跟我妈的冲突点。老公觉得我妈一直给小核桃喂饭会让他没有自理能力；我妈觉得小孩子什么都不懂，吃饱最重要。

这件事两人在饭桌上说了好几次，纷纷找我投诉。

开家庭会议时，我们讨论了这个问题——谁都想在孩子的吃饭问题上拥有控制权。最后，我们提出一个解决方案：每次吃饭以半小时

为限，谁都不要干预小核桃自己吃饭。半小时之后，如果小核桃吃不完，我妈可以酌情出手。

然后我跟小核桃沟通，说吃饭这件事儿本来就是每个人自己的权利，小朋友吃饭本来就会比大人慢，那他就按自己的节奏吃。小核桃想了想，提出了一个要求：自己盛饭，不再让姥姥盛一大碗。你看，原来小朋友也很需要自主权啊。

顺着这个思路，我们还让小核桃参与制订家庭菜谱，他自己要求吃排骨的话，就会明显比平时吃得多。有时候他还会扮演"美食家"角色："今天你是'美食家'，要尝完每道菜之后向大家介绍，引导大家吃完。"他非常享受这个过程，还会反过来监督我："妈妈，你这次吃得有点儿慢、有点儿少哦。"

后来，喂饭这件事儿竟然愉快地解决了，甚至顺利得让我怀疑：他们之前真的为此吵过架吗？

这让我意识到了一个有趣的地方：我们担心老人带孩子会对孩子有各种不好的影响，比如他们的养育方式落伍了啊、不卫生啊，太控制或者太娇惯孩子啊，对孩子的性格塑造不好啊，这些造成了隔代养育的主要矛盾。但现在，我们家仍然有各种养育理念不一致的地方，可是隔代养育这个冲突却消失了。我猜想其中的原因，是我不再被卷入三角关系，不再把问题搞得更复杂了，同时，我们开始接纳养育方式的不一致了。

至于孩子，他需要的不是一种"无菌"的养育环境、一个"大一统"的世界，即所有人只能按照一套理念养育他——这样做反而有可能给他带来麻烦。如果他进入了社会，遇到了不一样的老师、同学，遇到了性格各异的同事，在"无菌"环境里长大的他，那时岂不会束手无策？

孩子真正需要的，是一个有事情可以沟通、有矛盾可以处理、每个人都有边界意识的家，需要一个不会被轻易卷入三角关系的养育环境。这会让他成为一个有思辨能力、有边界意识的人。

有一天，小核桃吃饭吃得慢了，我妈多催了几次，小核桃慢悠悠地说："姥姥，这是我的身体，你不能控制它。小孩子吃饭，本来就比大人慢。"

我妈一愣，笑起来。

那一刻，我觉得自己所做的一切，都是有意义的。

参考文献

1. 许岩，裴丽颖. 祖父母参与儿童教养的基本情况及其特点 [J]. 学前教育研究，2012（1）：60-66.

2. 罗桦琳. 带孙子的老年人比例达 66. 47% 隔代抚养引深思 [N/OL].（2014-8-28）[2020-8-10] http://edu.people.com.cn/n/2014/0828/c1053-25556218.html.

3. 余静梅. 让"隔代教育"添营养，实现"三赢教育"——家庭隔代教育利弊及对策 [J]. 启迪与智慧：教育版，2017（9）.

5

不紧张的亲子关系

应对育儿焦虑：
妈妈可以不完美，但是妈妈要诚实

mom 我们要对自己诚实，更要理解自己真实的情绪。

从撕掉标签开始，看到真相

在陪伴孩子成长的过程中，我常常觉得时间只是一个数字。我每天重复着喂饭、叫醒、陪玩，好像距离孩子长大遥遥无期。有时候，我又觉得孩子长大不过是一瞬间的事，很快他已经能满地乱跑、跟你顶嘴了。有一次，我半夜醒来，迷迷糊糊一歪头，心里一惊：哇！小核桃怎么长这么大了？那个瞬间，我想起他之前还是个只会躺在床上对着天花板咿咿呀呀的"小肉球"，心里忽然有一种强烈的留恋感，忍不住亲了亲他。

小核桃3岁了，终于成为幼儿园的一分子。我们给他选幼儿园时，也花了好些时间。因为我跟老公都忙着创业，所以选幼儿园的事儿一拖再拖，眼看着再不行动，小核桃就要没学可上了。我们一鼓作气，做了一番功课：首先判断哪一种教学理念是我们比较认可的。经过一番调研，我们最后锁定蒙氏教育，看中的是蒙氏教育能很好地把自由和规则结合在一起，强调孩子要"工作"。老师通过引导，可以帮助孩子自己选择"工作"，并专注于"工作"。

理念更重要，而不是校园有多大、硬件条件有多好。

其次是老师。在挑选幼儿园的过程中，这是我们认为最重要的部分。当时，有一个各方面条件还不错的幼儿园，由于没办法直接见到执教老师，我们最终放弃了。

在跟一位老师约谈的时候，我老公说："我儿子可能会认生，他是一个比较内向的孩子。"老师笑着说："不要轻易给孩子贴标签哦。"

听到"贴标签"这三个字，我心里一动。这个细节，帮助我们做了最后的决定。

就这样，小核桃一只脚踏进了"社会"。

随着小核桃日渐长大，他吃饭时又出现了新问题。他好不容易坐到饭桌前，一个面包却能吃出花儿来；一碗粥，好像被他施了魔法，怎么喝都不见少，时间倒是在这个过程中飞速流逝。

一直是我爸负责开车送小核桃去幼儿园。经常发生的情况是，我爸已经开着车在楼下等了，小核桃嘴里还含着半口饭，结果被我连拖带拽地拎下楼。我曾对小核桃三令五申，早餐时间没吃完饭就不准再吃了，但是我爸、我妈看不得孩子喊饿，又在车上偷偷给他喂饭。结果是小核桃的一顿早饭常常分成两半吃。

为这件事儿，我老公有一肚子不满，常常跟我吐槽："这孩子从小就被喂饭，现在吃个饭还这么慢，导致他根本没有能力辨别食物的味道，到了幼儿园也不会好好吃饭的。这就会造成他的依赖性，也会使他缺乏自主性。"

　　被老公这么一说，问题的性质立马变了。

　　"没这么夸张啊，他到了幼儿园不也吃得好好的吗？带他去商场玩，遇上好吃的东西，他不也吃得欢天喜地吗？自主性？搭乐高的时候，他比谁都有主见，绝不让我们插手，这就说明他的自主性不错啊。"我特别使用了心理学中的"例外观察"来说服老公。

　　"那都是个别情况。你就是喜欢跟我对着干！"老公脱口而出，连我一起批评了。

　　最后，我哭笑不得，觉得很奇怪，为什么老公这么理智的人在面对孩子时变得如此不客观？"喂，老师说过，不要给孩子贴标签。"我忍不住提醒他。

　　"贴标签"是心理学中的一个专有名词，人类的大脑特别喜欢把复杂事物简单化，贴标签就是这么一个简化事物的过程。但是，贴标签阻止了我们更全面、更真实地认识孩子。

　　周末跟王大米吃饭，我们俩认识快十年了，她的女儿养乐多比小核桃大一岁。她跟我说养乐多不爱吃菜，吃主食也特别没规矩，东摸一把，西摸一把，特别让人生气。我忍不住嘲笑她："你自己上班的时候，中午吃饭时一边刷手机一边吃饭，饭都快吃到鼻子里了，还说人家养乐多！"

好多朋友明明自己就爱躺在床上玩手机、刷剧,当了妈妈后,遇到孩子在床上看书磨蹭着不愿去洗澡的情况就着急得不得了(孩子好歹是在看书),觉得孩子没有时间观念,担心以后可怎么办。好多朋友周日晚上想到第二天要上班,心情就十分差,但如果是孩子说明天不想上学,他们就会立即挺直腰板、板起脸来说:"怎么可以不想上学呢?上学才能学到知识啊,否则你以后怎么能……"

我开玩笑地跟王大米说,我们这些爸爸、妈妈,真是"严以待人,宽于律己"。

"难道因为我们做不到,就不给孩子立规矩吗?"

"也不是。立规矩不是坏事儿,但问题是,我们立的规矩,孩子根本不照做啊。"

"对啊,问题就出在这儿。现在的孩子真难管啊。"

你看,又来一个标签。我们多善于给孩子贴标签啊。

贴标签这件事儿,简单轻松,最符合大脑的"偷懒需求",好像只要给一个人贴上一个标签,所有问题就找到了原因。比如一个员工老是拖过截止日期才交方案,每次遇到他拖延,我们就说他有拖延症。最后,这个员工也很配合:"啊呀,我有拖延症,所以才交得这么晚。"

请问,贴标签对解决问题有任何帮助吗?

面对孩子也一样,我们轻松地给孩子贴上"他没时间观念""他没有自主性""他爱撒谎"的标签,但对孩子、对我们、对问题的解决,没有任何帮助。

撕掉标签，从挖掘孩子的真实需求开始

在我看手机时，小核桃有时会想方设法捣乱，我一边躲着他，一边说"等一下、等一下"。但他根本不听，我们常常会因此而产生冲突。有时候，我正在跟同事讨论问题，他便过来抢手机，我就会对他发脾气："你怎么回事？我在工作啊！"

"可是我想跟你玩啊。"他会这样说。

刚开始我根本听不进去，对他说："我要工作啊，你自己去玩吧。"

"可是我想跟你玩啊。"他又说了一遍。

有时候，我很困了，想倒头就睡，他却活力无限地在床上蹦蹦跳跳："妈妈起来，我们一起玩！"

"别吵了，我好困。"

"但我不想睡啊。"

"你怎么这么不自觉啊？"我也不自觉地变成了一个贴标签高手，真是讽刺。

"可是我想跟你玩啊。"他总说这句话。

很长一段时间，我只是听到这句话，却没有"听进"这句话。当然，我工作时，小核桃也都会继续"不自觉"地捣乱。

事情在某一天发生了转变。

那一天我刚进公司，还没坐稳，人力员工就冲进我的办公室，一脸不高兴地说："业务主管们不配合我们人力部门的工作！绩效考评能帮他们梳理自己部门的人才，明明能提升他们的管理能力，对他们

都有好处，他们却一个个拖着不填，每天催都没用。这还怎么推进工作？"

"你有没有问过他们，为什么会抗拒这件事？"

"他们就是没有管理意识，明明是好事，还拖拖拉拉。"一个标签，"啪"贴上了。

"我都是为他们好，他们还不领情。"人力员工浑身上下透露出的这种委屈，让我觉得似曾相识。

对，人力员工此时的委屈跟我们养孩子时的委屈一样，是"老母亲"般的委屈。

但问题就出现在这里：这些主管一个个都是精英，都想带好团队、打好仗，如果人力部门推行的政策对他们来说是有切实帮助的，那他们跳着脚也会采用，因为他们又不傻。所以，理解他们抗拒这件事的原因，才能推动事情发展。

个体心理学家阿尔弗雷德·阿德勒提出一个概念，叫作目的论，可以通俗解释为背后的目的会影响一个人的行为。

我们通常认为事情是由原因论导致的，出于某个原因，所以有了某个结果。比如，因为你出门晚了，所以这次会议迟到了。

但目的论的推导逻辑是这样的：你认定这次会议是可以迟到的，所以才会迟到。按照这个逻辑来理解，是主管们认为绩效政策可以不遵守，所以大家才一拖再拖。为什么可以不遵守？可能是遵守与否对自己的工作没有实际帮助，也可能是遵守与否也没有人在监督。

那么这些主管想要的到底是什么？根据目的论，真实的需求，藏在目的里。

目的论帮助我们不轻易归因，帮助我们更深层次地去探究事情的本质。看清事情的本质、探究事物背后的真相，是一个管理者必备的素质。在家庭中，也是同样的道理。

那个瞬间，我想起了小核桃常对我说的那句话，"可是我想跟你玩啊"。

这也同时让我想起了另外一件事。有段时间小核桃非常不喜欢刷牙，每次刷牙都要大费周章。我追着他满屋子跑，给他讲道理、看烂牙齿的照片，结果刚有用几天，他又恢复原样。我也一度觉得这孩子怎么这么不懂事。现在，当我意识到孩子的真实需求有可能藏在目的里，我才发现他拖着不肯刷牙、跟我满屋子跑，是因为他想跟我一起玩啊。

在孩子的世界里，"刷牙"等同于"妈妈在跟我玩闹"，孩子的目的是"延长自己跟妈妈玩闹的时间"，那我追赶他，岂不是刚好满足了他的需求？

这可比指责他不懂事、不自觉实际多了。

于是，回家后我跟他商量："我们现在有一个小时的时间可以玩，如果刷牙用掉半小时，就只剩半小时搭乐高了，今天要搭的可是复仇者联盟哦。"这句话一出，他一个激灵跑到洗手间——毕竟，他的目的是和妈妈一起玩啊。以前是"妈妈给我刷完牙就去工作了，所以刷牙是我最大的乐趣"，现在是有一个小时可以和妈妈玩，还有乐高可玩，所以刷牙算什么！

撕掉标签，从放下我们的焦虑开始

我的同事 S 小姐，有一次黑着一张脸来找我，原因是自己的女儿被老师说专注力差。那天，她带女儿去上早教课，老师领着她们一起进了一个独立的小教室，然后拿出一堆花花绿绿的卡片在她女儿面前，一边晃一边扯着嗓门儿让孩子记忆。结果没过一会儿，孩子就受不了了，崩溃大哭，非要出去。S 小姐只好把女儿带出教室，老师急忙跟出来和 S 小姐说："你们家女儿专注力很差，要好好培养啊，要不然以后会影响认知能力的，学习效率会降低啊！"

S 小姐这种自由奔放的文艺女青年，一直以来比较随性，此时听到这句话也坐不住了。"专注力差，多大的'帽子'啊，老师说会影响孩子以后的学习和成绩。大家不都说专注力是一个人最重要的能力吗？我这几天怎么都觉得我女儿好像有多动症，这怎么办？"

我听完忍不住笑着说："你女儿才 1 岁多，那个老师也就见了你们十几分钟，这个结论你也信？"

我运用心理学中的"例外观察"给她出了个主意："你回去观察一下，你女儿什么时候会表现出专注力，一旦发现，你就追问上一次在女儿身上发现专注力时，发生了什么。"

几天之后，S 小姐眉开眼笑地跟我们讲："昨天晚上正要睡觉，我忽然发现女儿背对着我坐在床头，一动不动。我凑过去一看，发现女儿正在埋头抠脚趾呢。我没去惊动她，在后面观察。我发觉女儿花了整整 10 分钟时间，一个人全神贯注、一丝不苟、孜孜不倦地在黑暗中抠掉了脚趾的死皮。你说她连抠脚趾都这么专注，还有什么事情做不到啊！我就继续观察，回忆起来，她读绘本的时候，常常我叫几遍她都没反应。"

我问她："看上去，让孩子变得专注的事情也不难找，那你当时为什么会那么焦虑啊？"

S小姐不好意思地笑了笑："说实话，我当时就是觉得自己被老师指责了。老师是说孩子的专注力不好，而我听到的是'你这个妈妈不称职'。我很担心由于自己不够完美，造成了孩子的专注力差，所以一下子就变焦虑了。"

我们常常因为太想当完美的妈妈而忽略有些标签不过是片面的无稽之谈。我们好怕自己是一个不完美的妈妈，哪怕从来没有人教过我们怎么当妈妈，但也希望从第一天开始，自己就是一个完美的妈妈。进入妈妈这个角色后，我们好像背负了一个重要的使命，即对另外一个生命负全责。我们严阵以待，不敢有半点儿马虎，生怕由于自己的疏漏，影响了另一个生命的发展。趁早承认吧，我们从来就不是，也不可能是完美的妈妈。那些鼓吹"用爱化解一切，妈妈就是要完美"的人，干脆去成立"妈妈教"吧！我才不要被这种想法束缚。孩子来到我们的生命中，我们彼此陪伴走一段路。在这段路上，我们发现自己的无知、发现自己的能干，自己也在不断学习。我们能给孩子的，不是完美的养育环境，不是完美的性格，而是一片土壤。那片土壤里有辩证的思考方式、认知世界的能力，这些是他可以带走的武器，可以帮他抵御未来的挑战和压力，不为无端的指责消磨自己，可以在自己和他人之间建立明确的边界，温和而坚定地面对世界。

妈妈可以不完美，但是妈妈要诚实。诚实是指，我们要理解自己，更要理解情绪产生的真相，然后清楚地表达出来。在这个过程中，我们会跟孩子一起建立一种更全面的认知能力。

培养自我负责的能力，
是我们给孩子最好的礼物

mom 能为你负责的，永远都只有自己。

养孩子花的精力和得到的结果，往往不成正比

虽然养孩子会花不少钱，但比起这个，我更在意的是，养孩子会花多少精力。

熟悉我的老朋友都知道，我一直宣扬一种理念，叫作"当妈妈首先要自己爽"。千万别因为自己成为妈妈，就认为自己的重心都要在孩子身上了，"为了你，我放弃了自己的追求，所以你要好好努力"。老一辈的父母常常有这种投射，把自己的希望寄托在孩子身上。对此，孩子满是渴望摆脱："拜托，你的追求，你就自己去实现嘛。互相背负的人生，多沉重啊。"

即使成为妈妈，我们仍有自己要走的路，要在这个前提下，安排自己的精力。养育孩子的确会花费我们一些精力，毕竟孩子从小长

大，一些必要的陪伴和照料肯定少不了。但是，养育孩子到底会花多少精力，却因人而异。

他是一个自己没什么想法、如果你不在旁边盯着就什么都不好好做的孩子吗，还是一个会自己安排时间的孩子？

他是一个特别不知轻重、老是做些危险动作、让你的一颗心天天悬着的孩子吗，还是一个对规则有意识、能自我负责的孩子？

他是一个沉迷游戏、做事拖拖拉拉、作业总是完不成的孩子吗，还是一个有自我管理能力、在必要时才需要你的意见的孩子？

相信你一眼就能看出来，后者就是传说中能自我负责的孩子。

什么是自我负责？不是孩子一味遵从家长所认为的正确的决定，也不是孩子做出与家长的期待一致的决定，而是孩子能通过仔细分析、慎重思考，自己做出决定。同时，在做决定之前，孩子能充分考虑风险、代价和好处，并且确定自己可以承担选择的后果，这才是自我负责。

这种孩子不需要大人付出太多精力，并且他的这种特性会为孩子的成长、孩子和父母的关系，建立起一种良性循环。

只不过，在现实生活中，这种循环可没这么良性。

比如，我常常听到我妈跟小核桃的对话是这样的："小核桃，去洗澡睡觉了。"

"不要。"

"快点儿啊，都几点了？"

"不要。"

"那你打算几点洗啊？"

"为什么要洗澡啊？"

"因为你玩了一天，身上脏啊。"

"我感觉不脏。"

半小时之后。

"你怎么还在这儿玩啊，你这孩子怎么回事，你到底洗不洗？"

"不洗！"

在这种时刻，我特别理解网络上那些陪孩子做作业时家长气出病的例子。小核桃那时还是没到上学年纪的小孩子，如果上学了，牵扯到学业和成绩，家长跟孩子之间的关系就会变得更加复杂。目前许多学校的作业都要求家长参与，为了完成学校的各种任务，为了孩子能有一个好成绩，随着孩子越长越大，我们要投入的精力越来越多。试想在我们小时候，哪个家长会盯着你做作业啊？哪怕是现在和 5 年前相比，我们都会发现家长在养育过程中的"卷入度"高了很多。也就是说，除了投入金钱，我们还对孩子投入了更宝贵的精力。那再过 5 年呢？我觉得投入只会越来越大。

问题的关键在于，并不是我们在养育孩子方面花了精力，就能够获得好的结果。

Momself 开发了一门课程，叫作"系统式家庭养育——培养自我负责的孩子"，其理论源于个体心理学家阿尔弗雷德·阿德勒。20 世纪 60 年代，在美国加利福尼亚州，有几位非常厉害的心理学家聚在一起，把这种理论和教育实践结合起来，形成了"系统式家庭养育"

的基础。后来，以心理学家李松蔚为首的专家团，一起将这种理论引进中国。

在研发课程的过程中，为了让用户理解自我负责的孩子到底是什么样子的，我们常常会拿两种类型的孩子举例子。

第一种类型的代表是刘路。

刘路 22 岁的时候一夜成名。因为他破解了一道世界级数学难题，叫作"西塔潘猜想"。当时他只是一名大三学生，被称为"小陈景润"，后来获得了中南大学的 100 万元奖金，在 22 岁的时候被破格聘任为中南大学的研究员。同时，他还受邀赴美国威斯康星大学出席国际会议，专门去讲自己是如何破解这个猜想的，之后他又获得了加利福尼亚大学伯克利分校的全额奖学金。他的所有荣誉，最早都来自他做了这件事情——破解了西塔潘猜想。

那他到底是怎么做到的呢？通过研究刘路小时候的经历，我们会发现，在初中的时候，刘路就和同龄孩子不一样。初二的时候，他自学了数学中最抽象的部分——数论；初三的时候，他自学了《古今数学思想》，这本书主要讲最早的数学思想是怎么来的，比如数字为什么会产生，以及最早的数学家是怎么把数字想出来的。那本书中的内容非常抽象，一般的学生即使在大学也不一定看得懂。到了高中，刘路开始看英文版的数学著作，因为中文版的数学著作已经不能满足他了。到了高考报志愿的时候，他填的都是数学专业。如愿进入数学系之后，他无意当中接触到西塔潘猜想。当时，他所在大学的教授都不太懂这个猜想，那刘路是怎么做的呢？他到网上查找各种资料，发现南京大学有位副教授曾经发表过几篇相关的论文，他就马上发邮件给对方，进行讨论。在与副教授讨论了几轮之后，刘路突然灵机一动，想到一种方法可能会破解这个猜想。于是，他马上跑回自己的宿舍，当天晚上用英文把整个证明过程写完之后，立马向美国的一家学术刊物投稿。此刊物当时的主编，也是一位数学家，看完之后便认可了刘路的证明过程。

就这样，刘路一夜成名了。

我跟同事详细拆解了刘路的成长过程，发现跟很多同龄孩子相比，他的所有行为有一个很明显的特点——自我负责。他从初二开始做的那些事情，没有人拉着他做；在大学，他对世界难题感兴趣，便自己去找资料，尝试解答。这个过程当中，没有任何人指导他，更没有任何人逼着他去这么做，他始终是主动投入，然后自主行动。

我们一边看他的成长经历，一边感慨道："自己的小孩需要拉着走、拽着走，父母花很多精力，还不一定有用；别人家的小孩不用父母拉着走、拽着走，他自己跑得比你都快。"

这样的孩子才是一个真正有自主性、能自我负责的孩子。

另一种类型的代表呢，不是一个人，而是一批人，典型的例子是高校的大一新生。国内现在的升学竞争非常激烈，能考进北大、清华这样的高校很不容易，"千军万马过独木桥，他们就是过了独木桥的那一小撮人"。可想而知，这些孩子都是一路过关斩将，淘汰了不知多少同龄人才跨进顶级高校的门槛。而这一路上，他们和他们的父母所投入的精力也可想而知。当孩子走到这一步时，很多家长都松了一口气，觉得自己的孩子前途一片光明——看上去就是"别人家的孩子"。可实际情况呢？北京大学副教授、北京大学心理健康教育与咨询中心总督导徐凯文老师向我们提供了一组数据：北大一年级新生中有30.4%的学生厌恶学习，或者认为学习没有意义；有40.4%的学生认为活着没有意义。平时会有很多北大学生找徐老师做心理辅导，所以他非常了解学生的真实心声："我感觉自己在一个四分五裂的小岛上，不知道自己在干什么，也不知道自己要得到什么，时不时会感觉很恐惧。19年来，我从来没有为自己活过。""学习好、工作好是父母对我的基本要求，但也不是说学习好、工作好，我就开心了。我不知道自己为什么活着。"

说起来，这是件很悲哀的事情，父母花了很多精力把孩子送进了顶级高校，但是其中的一部分孩子却找不到自己的人生方向。可想而知，这么多年，大多数孩子在学习中也是"你说一说，我动一动，但我是为你而学"的状态。

能自我负责的孩子，会让我们有一种"顺水推舟"的感觉，几乎不用怎么划桨，他自己就一路向前了；不能自我负责的孩子，给我们的感觉是"滚石上山"，我们拼命把一块大圆石头推上山，即使推到高峰，但手一松，石头很有可能又会自己滚到山底。面对这种场景，我们瞠目结舌，忍不住要说出那句经典台词："我在你身上付出了那么多，你就这样对我？"

你看，这句经典台词完美展示了孩子没办法自我负责的原因：孩子的人生和你的人生，孩子的责任和你的责任，混杂在一起了。

把孩子的责任还给孩子

我平常工作很忙，所以小核桃在工作日都是跟着姥姥和姥爷的。周末的时候，我们一家老小有时候会一起去野外郊游。孩童天然喜欢大自然，疯跑疯跳，满草地打滚，一玩起来就不想走。要回家时，姥爷说："到吃饭时间了，你别玩了，玩得一身汗，快点儿，回家吃饭了。"

小核桃绝对会说："不要！"

"那你再玩5分钟？"

5分钟之后，小核桃还是会说"不要"。

姥爷催小核桃几个来回之后，就会说："你快点儿，你怎么不守信用啊？那我们走了哦！"

说完，姥爷还是站在原地，一动不动："我们真的走了哦！"

小核桃连头都不抬，像没听见。

姥爷最后实在没办法，就会推我一把："哎呀，你的儿子，我可管不了了。"

我跟小核桃也说了同样的话："到点了，我走了，要回家吃饭了。"

小核桃一听是我的声音，马上抬头。

这样搞得姥爷每次都哭笑不得："你说这孩子是不是欺负老人？我看是欺软怕硬！同样一句话，我说没用，你说就有用。"

有一次，小核桃一边跑着跟上我，一边扭头冲姥爷喊："因为妈妈说走，就是真的走了！"

我在前面走，忍不住偷着笑。小孩子啊，他可是什么都懂。

因为平常工作实在太忙了，所以我对一切低效沟通都有点儿忍耐无能，而在姥姥、姥爷跟小核桃之间，常年存在着"说了不听"的低效沟通。用姥爷的话说就是，这孩子老喜欢跟他们对着干。

得益于我偷师了几年心理学知识，我忍不住琢磨起了"对着干"这种现象。什么叫对着干呢？就是你说往东他偏往西，让家长们最生气的地方在于："明明我说的话是正确的，但孩子就是不听！"

这种情况在生活里随处可见。

姥姥常常对小核桃说一句话："你这孩子一点儿也不听大人的话，穿这么少满屋子跑，肯定会冻着的！"在屋子另一头，小核桃对姥姥的话充耳不闻，穿着小短裤各种蹦。

我们公司的人力员工说起自家儿子时也是这样说："我每天都跟他说要检查明天上学要带什么课本，但他老是丢三落四。我都说了，你只要不仔细检查，肯定会忘带。问题是，我每次说，他都不好好听。难道现在的孩子上小学一年级就进入青春期了？"

为什么家长说正确的话，但孩子就是不肯听呢？

原因很简单：我们在说正确的话之外，还多说了一些话。正是多说的那些话使孩子不愿意听你的。

举个大家都很熟悉的例子：我们在开车时大多会用导航，导航语言都很精练，如果你不小心转错了弯，导航一般会说："请直行，请直行。"跟随它的指引，你走上了正确的道路，它会继续说："前方100米请掉头。"

仅此而已。

试想一下，假设现在有一个新版导航，它说的话和老版不一样。你转错弯时，新版导航说的是："直行，直行，完了！前方 100 米掉头吧！上次你也是在这个路口走错的，能不能长点儿心？都这么大的人了！"

试想一下，作为一名司机的你此时会是什么感受？

如果你一不小心超速了，老版导航会说："您已超速，请减速！"新版导航说的却是："超速了、超速了！快减速！哎呀！我真为你担心啊！你以后还怎么开车出门啊？看看人家是怎么开车的！都是司机，你差在哪儿啦？"

试想一下，如果你在这种情况下开车是什么感觉？对，你都不想减速了，甚至就想超速！

两个导航说的话是同样的意思，都想指引你走上正确的道路，避免你违章。但是，新版导航说话时，你的注意力根本不在信息上，你想的是：你凭什么这么和我说话了？！

"你凭什么跟我这么说话了！我就不！"这是不是很像孩子平常跟我们对着干时所说的话？为什么会这样呢？因为新版导航的话包含了两层信息：第一层说的是内容，很简单，就是要让司机掉头；第二层说的是关系，这就很微妙了。新版导航给我们的感受是：你错了，我是对的，所以我要批评你，我要指责你，我要训你。谁会对这种关系感到舒服呢？一般人听到这种批评，都会特别想反抗：不管你说得对不对，我就是不想听你的。

我们与别人的沟通中也常常会包含这两层信息，即内容信息和关系信息。后者很隐秘，如果不仔细觉察，说话的人根本意识不到，但是倾听的人却能清清楚楚感觉到。所以，如果内容信息沟通不下去了，那么我们一定要去反思关系信息是否出问题了。

此新版导航，我们给它起名为"家长指导作业版导航"，里面的话，都是从家长指导孩子的常见用语中摘出来进行改编的。这就从侧面解释了孩子为什么要跟家长对着干，其实不在于家长的话正不正确，而在于我们的关系信息使孩子不愿意接受。

有心理学研究发现，如果一个人陷在自己的问题里，往往会有一种孤独感，担心是自己错了才造成了现在的问题。这种感觉会让他处在恐慌中，很难冷静思考。如果他感觉不到支持，注意力就会放在跟别人的关系上，想着怎么获得支持，而不是怎么去解决问题。家长训孩子时，千言万语归结为三个字，就是"你错了"。我们生怕孩子做错选择，所以变得苦口婆心，忍不住给孩子讲道理、提建议、监督他、提醒他、指导他，这些都暗含着家长的目的，就是：你是错的，你得听我的。可是，无论家长怎么说，都收效甚微。因为这样的做法并不会让孩子学会自我负责，而是让孩子去执行家长的意志。家长在替孩子做选择，我们在替孩子负责。

更好的做法，是帮助孩子成为自我负责的人。

作为父母，我们的生活阅历更丰富，思考问题更全面，所以，我们要为孩子提供的帮助就是把选择权交给孩子，引导他慎重思考。在孩子做决定之前，帮助他看到不同选择的结果、带来的好处，以及伴随的风险，在此基础上，让孩子自己做出自我负责的决定。你发现了吗？这个过程也挑战了父母分析风险、益处的能力。这份能力在很多工作上都非常需要。

孩子小一点儿的时候，当他疯玩不肯回家吃饭时，我说的是"我要走了"而不是"你怎么耍赖"。听到"我要走了"，小核桃的反应是妈妈真的要走了吗？她走了，那我怎么办？我要是留下来继续玩，是不是就剩我一个人了？还是我就跟着她走呢？

这个时候，小核桃开始自己做选择了——知道自己所做的选择会产生什么后果，然后自己决定要不要做。

孩子大一些时，我们可以探讨的内容就更多了。比如针对孩子玩游戏，我们可以对孩子说："我支持你玩游戏，但是我需要看到你有自我管理的能力。你有没有成功自我管理的经验？尝试过什么方法？（问可控感）你在自我管理方面收获过哪些经验或知识呢？（问收获）你现在也长大了，接下来要学习自我负责，你已经表现出了一定的自我管理能力，接下来要怎么强化？（问进一步的计划）

在这个过程中，我们渐渐把选择权还给了孩子，也将责任还给了孩子。同时，由于他在学习自我负责的过程中需要思考各种资源、前因后果，还会提升他的思辨能力——在我从事管理的这些年，我发现这种能力在很多成人身上都是稀缺的。

当你忍不住担心"他还太小，啥都不懂"时，忍不住要张嘴去指导他时，都请停下来，问自己一个问题：孩子对人生有自己的期待，不管他多小，他对每件事、每个动作，都有一种期待，我们有没有站在他的角度去理解过？

有一次我下班回家时，姥姥跟我告状，说小核桃这几天吃饭真是太慢了，磨磨蹭蹭的。"跟你小时候一模一样，吃个饭都不让人省心。"

我盛了一碗饭，坐在小核桃对面，问他："为什么这几天吃得这么慢？饭不好吃吗？"

"嗯，有时候是因为饭不好吃。有时候是因为，妈妈，我想等你回来一起吃。"

我眼眶一热。

那几天我加班到非常晚，即使下班也只是回我妈家匆忙看小核桃一眼，然后就回自己家休息了。小核桃每天跟我告别的时候，都会抱着我说："妈妈，我会想你的。"

"为了等妈妈，我决定慢点儿吃，等她一起吃。"——这是一个小小孩童所做的决定。

"我很高兴知道你在等妈妈，这让我觉得，很温暖。谢谢你，小核桃。

"我猜你也感觉到了，吃得很慢，饭会变凉，而且小朋友晚上八九点才吃完饭，对身体也不太好，毕竟你马上要睡觉了，妈妈要 12 点多才睡觉，你的肚子来不及消化。我也不知道该怎么办了，你有什么办法吗？"

后来，小核桃决定，把等我一起吃饭换成等我一起喝酸奶。我 9 点多回家吃饭的时候，他可以拿一杯酸奶坐在我对面，跟我一起享用。

当我"不知道怎么办"的时候，孩子的小脑瓜便启动了："我得靠自己了！"

孩子，在这漫长的一生中，妈妈能给你的实在太少了，多数时候是要靠你自己的。如果说，妈妈能给你什么，我希望是在你小小的时候，我能跟你一起建立起"自我负责"的能力模型。拥有了这种能力模型，你同时也会拥有求助他人、协调资源、随机应变的各种能力。它也许会是你这一生最坚硬的铠甲。

第三部分

贪心一点儿的方法论

当妈之后又穷又忙，
金钱管理从理念开始

mom 你没有钱，是因为你觉得自己没有钱。

在钱的问题上，我们这些当妈妈的无路可退

刚工作那会儿，我也算是一个文艺女青年，心里全是诗和远方，为了灵感，恨不得随时拎起行囊上路。那时候谁跟我谈钱，我就会脸红。工作好几年，我没跟老板谈过一次薪资，现在也没弄清楚自己那会儿到底是真的不在意，还是觉得谈论金钱可耻。

有了小核桃之后，我真切意识到什么叫"人形碎钞机"，常常把钱挂在嘴边。因此，老公常常笑我："你说，是创业治好了你的'文艺病'，还是当妈妈治好的？"

不管是被什么治好的，反正我变得"接地气"了。随着孩子越长越大，我明显感觉到开支越来越大，我也常在一些育儿群里看到妈妈们在哀叹："钱的出口是有了，但是进口却没有。"

妈妈们对于经济状况的焦虑，跟年轻谈恋爱时患得患失的焦虑不一样——钱的焦虑，扎扎实实，无路可退。由于对钱的焦虑，妈妈们会在孩子是上公立小学还是私立小学的问题上犹豫不决，会在孩子没有享受到双语教育时，在别人家的孩子面前感到挫败，会考虑到如果这个月多报一个兴趣班就要少一次旅行的现实……好像是第一次，我们被推到人生的战场前，毫无退路。因为你是妈妈，所以必须迎头而战。

香港电视广播有限公司在2016年曾播放过一部纪录片《没有起跑线？》，讲述了香港的教育现状。纪录片中的一位家长说，在香港，一个小孩从生下来到大学毕业的预算是700万港元，约609万人民币。在内地，不算学区房，只算纯粹的教育投资，2014年《今日中国》的报道当中给出的统计数据是200万元。那是2014年，现在是2020年，6年过去了，从很大程度上来说，200万元已经不够了。

教育投入那么大，但是养孩子会花掉很多时间，导致妈妈们能用来赚钱的时间反而变少了。"这不就是传说中的'又穷又忙'吗？"我常常听到这种说法。

小核桃5岁的一天，我跟老公盘算了一下他的开支，幼儿园学费一年10多万元，轮滑课、乐高课、国际象棋课、森林体验课和架子鼓课，加起来大概一年5万元，加上不知道怎么回事就堆成一堆的玩具和一整个书柜的绘本，再算上平常的吃喝拉撒开销，养育小核桃，一年怎么也要30万元，这还不算上家里的房贷、一家老小的开支。那段时间，刚好我们俩都在创业，收入跟以前做高管时相比还是少了不少。

不算不知道，一算还真是被惊到了，我们的开支远超过收入，而且更大的问题是，眼看着小核桃马上要上小学了。我们从幼儿园开始，就坚定地让他接受更为开放的教育，如果要在小学继续保持这种教育环境，开支肯定只增不减。

那天晚上，我们俩挑灯夜战，迅速整理了连续两年的家庭收入与开支，对未来几年的收入做了一个详细的预算表，盘点了家里的现金流，重新规划了整个家庭的支出模块。

"发现问题"是我这么多年来主要的工作任务，我坚信"只要看到问题，就离解决它不远了"。

忙活到半夜，我松了一口气，一不小心，又差一点儿陷入金钱诅咒。

金钱诅咒，是我这些年对于金钱问题最深的认识。

你不是买不起房子，你是觉得自己买不起

我刚开始工作的时候，是在财经领域做出版，老板是一位专业的财经研究者，热衷于研究房地产，他一直向我们灌输买房要趁早的观念。作为一家文化创意公司，办公室的墙上贴的却是杭州房地产投资地图。有时候作者来拜访，一打眼看到要愣一下，以为自己走错地方了。有时候开完业务会，老板会顺带给我们开"买房动员会"，他会说："最近又开了一个新楼盘，性价比高得不得了，赶快买，赶快买。"

不知道的人还以为他的真实身份是杭州首席房产大使，而不是财经作家。但是，即使是老板发话，也不是所有同事乖乖听着，有的同事就很抵触："我也想买啊，但是没钱啊——没首付，也没钱还房贷。自己一个小编辑，连吃饭吃多贵都要掂量掂量，哪像老板啊，有钱人，想买就买。"

老板听到这种话，立马调到了严谨财经作家的频道："我给你算算账。房价现在的涨幅曲线很明显，如果是自住，你根本不需要犹豫，早晚都要买，那一定要早买；如果是投资，在地段等一些要素上要多做研究。但无论如何，房价翻倍在涨，你看到没有？你可以规划一下首付要多少，看看怎么凑出来；房贷的话，权衡下租金、工资的涨幅、年底绩效，还有父母能支持多少……"

我是听进去的那批人，人生的第一套房子，就是在那个时候买的。我当时的月薪才几千元，还完房贷后，好几次都觉得自己简直要喝西北风了。但是，左右腾挪，自己真的每个月都如期还了房贷，而且因为还房贷的压力，我都主动要求做新项目，因为新项目虽然难度大但做成了收益也大。在不知不觉中，压力变成了我的动力。

后来小核桃出生，我们想换一套大房子，于是我把自己原来的房子卖掉了，给大房子倒腾出了首付。

如果我当时不是一咬牙、一跺脚买了第一套房子，后面大房子的首付是无论如何不可能凑够的。所以，这段经历给我的最大启发是"先定位，再成为"。因为一个目标放在那儿，你会倾其所有去努力。

这个目标可能是买一套房子，也有可能是租一个更好的房子，安心过好就行了。

目标不同，会导致你的行为还有对事情的判断不同。为了房子，你可能会督促自己更快升职，督促自己去做收益更大的项目。如果你的目的地在 100 米开外，你可能慢慢走过去就行了；如果你的目的地远在 100 千米以外，那你一定会想方设法搞一辆车。

听我这样说，很多朋友会当即怼道："那还是因为你有这个能力，我肯定不行，而且也不想压力这么大。我已经尽力了。"这话如果是年轻朋友说的，我会不再作声，毕竟每个人对生活的态度不同，享受当下、轻松活着也是一种很好的生活态度。如果这话是一位妈妈说的，那我知道她确实是没有选择的，孩子一路长大需要多少钱，我们心里都清楚。当妈妈的，总是要想办法解决经济问题。于是，我总会忍不住再往前走一步："你有没有想过，可能你不是没钱，你是觉得自己没钱。"

金钱诅咒，源于稀缺心态

我很喜欢一本书，叫作《稀缺：我们是如何陷入贫穷与忙碌的》，作者是哈佛大学的终身教授塞德希尔·穆来纳森。他在书中提出了这样的观点：我们又穷又忙的一个主要原因，是稀缺。稀缺不是指客观上的物质稀缺，而是指一种会让人产生急迫感的稀缺心态。[1] 如果我们长期处于稀缺心态，就会把注意力放在目前最需要的事情上，从而忽略了那些从长远来说真正重要的事情，就会陷入贫穷与忙碌。

我曾看过这么一则新闻：部分美国消防员会在出警时因忘记系安全带而在急转弯时被甩出车外。这听上去很不可思议，难道他们没有经过专业训练吗？恰恰是这些经过专业训练的消防员，在接到出警通知的时候会进入时间稀缺的状态。他们要在很短的时间里做大量准备工作，导致一些重要但平常的事情被忽略了。

仔细想想，这种稀缺心态改变我们做决定的方式的情况，在生活中屡见不鲜。如果你只看到自己眼下微薄的工资，就很难看到买房子带来的长期价值；很多职场人士在工作任务多、焦虑情绪重的时候会停止锻炼，一边哀叹自己快要胖死了，一边说自己没时间锻炼，最后往往会影响健康。

在稀缺心态下，我们会做出损害长期价值的决定。

在《稀缺：我们是如何陷入贫穷与忙碌的》一书里，有这么一项实验特别能说明问题：在贫困国家，穷苦的农民没钱购买健康险、降水险、农作物险等。其实这些保险对他们非常重要，比如降水险能在当地发生干旱或洪涝时，保护农民，避免他们遭遇更大的经济损失，陷入恶性循环。怎么办呢？政府为了帮助农民买保险，就为他们提供了经济补贴。

令人意外的是，这些补贴款到了农民手里，并没有产生预期的效果——补贴款要么被花掉，要么被存起来了。绝大多数农民不会以此来购买保险，最终，他们的生活还是像以前一样毫无保障。

这是因为他们缺乏知识，不知道保险有多重要吗？

研究人员苦口婆心地告诉他们购买保险有什么意义，以及保险为什么可以帮助他们摆脱贫穷，并且教他们如何为未来投资。但不管研究人员说什么，农民们的回答都大致相同，他们说："你说的都是你们有钱人的事。我们不一样，我们是穷人。"

如果你问他们想赚钱吗，他们的回答一定是想赚的。他们勤劳，也竭尽努力，他们会说："我做到了自己能做的一切，但就是没办法摆脱贫困。"

可是，站在局外人的角度，我们跟研究人员一样，看得一清二楚："没有啊，他们并没有做到能做的一切。只要他们看得长远一些，做些不一样的投资，未来就会好很多。"

这项实验的核心，并不是把一切责任算到那些农民的愚昧和短视上。问题的关键是，什么导致了他们的愚昧和短视？答案是，金钱的匮乏使他们形成了一种稀缺心态。受这种心态影响，他们看不到更长远的未来，或者做不出真正对自己有利的决定。他们把注意力放在眼下迫切需要解决的匮乏感上，选择把钱存起来，增加短期内的安全感。于是，他们就陷入了一种恶性循环，缺钱导致他们无法做出明智的决定，无法做出明智的决定进一步导致他们缺钱。这种循环不被打破，农民缺钱的状态就始终是无解的。

但最可怕的还不是这一点。

最可怕的是，即使政府为农民提供了足够的补贴款，但他们还是不会为未来投资。他们已经获得一些资源，暂时摆脱了缺钱的状态，他们有机会做一些不一样的事情，但他们最终没有这么做。

为什么？不是因为他们真的穷，而是因为他们仍然觉得自己穷。自己觉得，是人生"最大的诅咒"。他们一直认为自己没有钱，哪怕政府发了补贴款。

他们被每天遇到的眼下之事占据了几乎全部精力，已经没有其他精力去关注长远的事。

我有一个女性朋友豆花，她有段时间因为经济压力停掉了保险，保险顾问不论说什么，都没能阻止她。她当下觉得现金流最重要，又觉得自己年轻不会有什么大病。没多久，她在体检时查出了肿瘤。这意味着她失去了一次保险赔付的机会，而且以后基本买不了重疾险了，未来再有重大疾病，都要自己来承担。

我们一帮朋友急得直跺脚："哎，你这样，如果以后有重大疾病，超过自己的承受能力，父母或者未来的家庭都要跟你一起承担！从一定程度上说，你停掉了保险，就是停掉了未来对家人和对自己负责的一部分能力啊。"

豆花说："我有什么办法啊？当时就是觉得自己没钱了啊。"

"是你觉得长远的事情不重要。仅仅想要周转，怎么可能没有办法？"另一个朋友气得牙根儿痒痒。

豆花没再说话，但我们知道，病生在她身上，她比我们任何人都难过。

金钱诅咒，诅咒的不是金钱本身，而是我们脑海中的金钱信念——我没钱，我是一个穷人。

稀缺心态最可怕的地方在于，在你没有破除它之前，你根本就意识不到还可以这样想。它在无形之中，牢牢锁定了我们生活的高度。

稀缺心态长久以来都存在于我们的潜意识当中，一不留神就会占据我们的大脑。停掉保险、透支信用卡，是稀缺心态导致"借用"的后果，会让我们习惯性地透支未来的资源。长远来看，借用会让一个人更加匮乏。

更常发生的情况是，时间也经常被借用，比如这周的工作没有做完要拖到下周，下周的事再拖到下下周。拖延会导致我们长期处于稀缺状态。我在创业的过程中，有时自己和团队也会陷入这种情况。大家一直在赶进度，或者为了完成营收不断举办各种营销活动，结果是团队超负荷运转，营收并没有提高多少。但是，没有人停下来想，怎么才能改变这种状态，怎么才能真的提高效率。

《稀缺：我们是如何陷入贫穷与忙碌的》一书里有这样一个案例：有一家医院，共有 32 间手术室，每年需进行 3 万多次手术，导致手术室经常不够用。为了应付突发性手术，医院就要将安排好的手术往后推迟，所以医生每周都在补上周留下的手术，整个手术室一直处在稀缺状态。

顾问建议医院留出一间备用手术室，专门用来应对突发性手术。结果只是这么一个关键举措，医院的手术接诊率上涨了 5.1%，手术失误率也大幅下降。

手术室的稀缺并不是因为空间的稀缺，而是没有能力用现有的手术室来处理紧急情况。医院医生的这种状态和负债累累的穷人、工作时赶进度的我们特别像，都陷入了稀缺状态。

稀缺的本质就是没有余闲。余闲乍一听，好像是一个很轻松的词，但在现代的生活节奏下，余闲是一种奢侈的心理享受，它会带来一些额外的收获，比如"慢慢来，比较快"，"创意是在松散中形成的"，"当下巨大的压力，会让行为变形"。

任何公司、任何家庭，留一定的余闲非常重要，这不是对资源的浪费，而是让系统更加高效运转的保证。

破除稀缺心态，变有钱

因为对稀缺心态的警惕，所以我们开始更理性地对待家庭资金。

在通常情况下，我们把资金分为四个部分，第一个部分叫固定用途资金。既然有了孩子，"吞金兽"这个小家伙已经存在，而且在可预见的日子里，他的"吞金"能力越发见长，那就要把他的消费资金规划好，有足够的预见性，才能保证实现的可能。除了孩子的支出，我们还大致计算了日常必须支出的费用，做到心中有数。

规划的第二个部分叫作乐趣资金。这部分资金用来满足家庭的消费欲望——是特别针对我设置的。个人的消费欲望靠忍是不行的，而且越是压抑，爆发时可能会越厉害。稀缺心态还有一个意想不到的作用，就是会降低我们的自制力。很多人认为没钱会让人变节约，其实未必如此。当我们不断用自制力来压抑自己的消费冲动时，自制力不会被锻炼得越来越强，反而可能因为压抑过久而变弱了。

我看过这么一项研究，研究者让实验对象进入一个满是美味零食的房间，里面放有薯片、彩虹糖、巧克力和咸味花生豆，一组实验对象可以随便吃，另一组实验对象则不可以，然后让他们在计算机上完成一项任务。在计算机上完成任务之后，实验对象可以吃到大桶的冰激凌。那些不能吃零食的人，在整个过程中一直在抵御美食的诱惑，等到他们终于完成任务时，他们所吃的冰激凌要比另一组实验对象多得多。

这项研究的结论也能印证我们在生活中所获得的经验：越是没钱的时候，越是该节省的时候，越受不了买买买的诱惑。我记得上小学的时候，妈妈不给我零花钱，但是我看到同学们在课间都有零花钱买零食，羡慕得不得了。回家后我跟父母要零花钱，被痛批了一顿，奶奶看不下去，偷偷给了我一点儿零花钱，我三步并作两步冲到小卖部，一口气把钱花完了——现在回想起来，难得拿到一笔零花钱，不是应该好好规划吗？事实证明，欲望越是被压抑，就越强烈，更好的方法是堵不如疏。把消费列到计划里，控制在预算中，这比平时一味过苦日子，忽然忍不住来笔冲动型消费要好得多。按照 MSN 公司（微软旗下的门户网站与即时通信软件公司）财经频道前总编辑理查德·詹金斯的建议，这笔资金最好占总可用资金的 10% 左右。

规划的第三个部分叫作富人基金，也就是投资基金。我刚工作没多久时，公司做了一本理财书，有一次跟作者闲聊，他建议我存一笔未来的育儿金。那时我笑得前仰后合，我才 25 岁啊，婚都没结，而且我现在工资才这么一点点，哪有钱理财？作者一脸严肃地说："每个月都存一笔定投，其实无论如何都能挤出来的，而且对实际生活没有影响。但是，年复一年的复利，会让你有一天大吃一惊。"我半信半疑地听了他的建议，每个月都从工资里拿出一笔钱存定投。一晃七八年过去了，我几乎都要忘记这件事了，却在某一天查账户的时候，被总金额吓了一跳。"先定位，再成为"的理念，再一次发挥了作用。

后来，我得到了人生的第一桶金，通过公司股份的分红——因为工作表现优异，我进公司第二年就拿到了公司的股权——这让我很早就意识到，在所有财富中，要有一些投资收益。后来，我喋喋不休地跟很多朋友分享这个理念，可支配资金里，一定要留出一定比例的投资基金。这笔投资基金的规划有两个重要原则：一是不能因此而惴惴不安，不能因为万一发生的亏损而影响正常生活；二是不能一成不变，变成懒人投资，要时刻保持对经济形势和投资趋势的关注，锻炼自己的心态、眼光和风险控制能力。因为除去实际收益，这笔钱从意识层面是在时刻提醒我们摆脱金钱的诅咒：我们不用老是去想"我没钱，要是这笔钱亏了我怎么办"，而是可以像富人一样去思考这笔钱的投资可能。

规划的第四个部分叫作自我基金。虽然放在最后，但对我而言，是无论如何都不可缺少的一笔基金。金钱诅咒会让人产生低价值感，会让人觉得"我不值得"。网络上有这样一种说法：比尔·盖茨如果看到1 000美元掉在地上，他是不会去捡的，因为他用弯腰的时间可以创造出大于1 000美元的价值，所以捡钱对他来说是一种吃亏的行为。比尔·盖茨没有稀缺心态，所以他没有受到金钱的诅咒，并且对于自身价值认识得很清楚。而我们会因金钱诅咒倾向于贬低自身价值：感觉自己特别穷的时候，你是否会为了一双鞋子的比价花 20 分钟翻遍网络，最后省下来 10 元？这种行为说明，我们认为，对自己而言，20 分钟的价值是 10 元，1 小时的价值就是 30 元。可能有人认为自己一天工作 8 小时，经常加班，工资微薄，算下来 1 小时也就值这点儿钱了。问题在于，如果你真的认为自己的时间只值这些钱，你又凭什么想要多赚钱呢？

如果你相信自己能赚更多钱，就意味着你相信自己现在的时间所获得的价值不够，未来的时间应该具有更高价值，那么就应该把金钱投资在提升自身价值上，不断学习。

我预留的自我基金，便是用来买书、健身、听课的，这些永远不会辜负我们，是随着时间的流逝更能凸显价值的事情。它们会让我们对未来有更高的期待。

哪怕当了妈妈，哪怕我们的生活被各种身份分割得支离破碎，哪怕生活再怎么一地鸡毛，我们都要坚信自己值得过更好的生活，而且我们有能力让自己和家人过上更好的生活。

有一句话我很喜欢，"种一棵树最好的时机是 10 年前，其次是现在"。很多事都是如此，买房如此，投资如此，赚钱如此，人生亦如此。

愿当了妈妈的我们，更透彻，因为透彻，更自如——事实上，我们比自己想的，要更加自由。

平衡事业和家庭不是一个悖论，
而是一个方法论

`mom` 我们所拥有的自由，往往比自己想的要多很多。

你会问男性这个问题吗？

有一次出差时，我刚到机场就接到 Mandy 的消息，她说："你有空吗？聊 10 分钟。"我说："在赶飞机，你急吗？不急回来再说。"

她就回我一个字："急！"

能让 Mandy 说急的事儿，估计不是小事。Mandy 作为中国顶级律师事务所的合伙人，通常说三五句话就能让上市公司老板哑口无言。我日常向她请教问题，都需要提前列好提纲，否则跟不上她的思路。

这么能干的女性能有什么着急的事儿？我心里犯嘀咕，一边推着箱子在机场跑，一边赶紧给她拨过去。

没想到一向言简意赅的 Mandy 居然啰唆了 15 分钟，我听了半天，才听明白她遇到的问题。

第一，养育问题。Mandy 的孩子一直是姥姥带，但是她觉得姥姥太强势，控制欲很强。孩子小的时候没注意，孩子大起来，有自主意识后，这种控制欲就很明显了。Mandy 听到一种说法，说养育者控制欲太强会影响孩子的发展。但是，哪怕姥姥的控制欲让 Mandy 和孩子都觉得不舒服，孩子还是喜欢跟着姥姥。如果孩子可以选择和谁待在一起，她肯定首选姥姥，不选妈妈——这对哪个妈妈来说，都挺伤心的。

第二，家庭关系问题。Mandy 的老公跟自己的妈妈在家里吵起来了。她老公觉得 Mandy 妈妈的养育方式不好，忍不住指责，Mandy 妈妈则委屈得不得了："你们平时都不带孩子，就知道挑刺儿。你们这么会带，那你们带啊！"

第三，亲密关系问题。Mandy 的老公是一名连续创业者，平常压力大、工作忙。在一次吵架中，他冲着 Mandy 吼道："我从来都没有感受到你对我的支持和爱！这根本不是我想要的婚姻生活。"Mandy 跟我说："我知道这是气话，但我还是感觉非常非常难过。我们也是相爱过的，为什么现在变得讨厌彼此了呢？"

也说不上是哪一件事成为压死骆驼的最后一根稻草，Mandy 在电话里的声音，疲倦得一塌糊涂。

"这些问题一看就是长久以来积攒的啊，为什么不早早解决啊？"我问她。

"也许是我觉得没那么重要，也许是我不知道怎么解决。你也知道的，我做律师太忙了，每一个项目都要全力以赴。反正就是问题拖到现在，搞得生活变成一团乱麻，我现在就想一走了之。"

眼看快要登机了，我最后问 Mandy："你做律师，每一个项目不管有多少乱七八糟的事情要搞定，你都搞得定！你会跟一堆老总为了一个关键条款在会议室争执一天，你总能拿到自己想要的。难道你现在遇到的这些事儿会比那些还难？"

她沉默了一会儿，说了一个字："难。"

Mandy 遇到的问题，几乎每一个女性成为妈妈之后，都或多或少会遇到。当了妈妈后，时间就会无可避免地被分割。从前，我们可以百分之百地投入工作，现在必须分出一部分时间给孩子。时间就那么多，但我们面对的事情可不止翻了一倍。

这就是我们这些妈妈的生存现状。

小核桃出生的第 2 年，我开始创业，被问得最多的一句话就是："你怎么平衡事业和家庭啊？"

刚开始被问到，我还会认真地说上一段话，后来渐渐发现，很多人问这个问题时，不是真的想听答案，而是带着某种预设来问这个问题的——两者怎么可能平衡得了！

一段视频在网上传播得很火，前央视主持人张泉灵被一个男记者问到"你怎么平衡事业和家庭"的问题，她当场怼回去："今天……我们这个社会多元化了之后，不应该有这么多的角色偏见。这个问题其实是给女企业家加了另外一层要求，就是你不仅要管公司，如果你不管孩子的话，你就不是一个好妈妈。这是一个非常不公平的评论。

"你为什么好奇这个问题呢？因为你觉得我们应该平衡。"

"你们采访男性企业家的时候，会问平衡性的问题吗？"张泉灵问男记者。

男记者尴尬地说："也会问。"

张泉灵继续追问："你问过谁，他们怎么回答的？"

男记者结结巴巴地说："呃……母亲承担这个角色比较多。"

男性企业家可以坦坦荡荡地说，大家会觉得很正常，可以理解，也不会觉得他的人生有缺失。如果是女性企业家说"我基本顾不上家里"，可能就会变成显眼的新闻标题，大家会觉得她很不成功。

你看，这就是对女性的偏见。

这种偏见在生活里随处可见。

有一次在一个创投圈的小聚会上，一个男投资人说："我们从来不投女创始人，除非她特别中性化。"现场有人跟着附和："对，如果有女创始人说自己平衡得了事业和生活，那一定代表她选择了生活。""是的，根本不存在什么平衡，做不到的。"

我忍了一会儿，还是起身离开了。

一眨眼，小核桃已经6岁多了，公司也熬过了创业的前3年，跌跌撞撞地发展。左手是家庭，右手是事业，想要做好哪一个都不容易。不夸张地说，每一天，我都在探索事业和家庭的平衡问题，现在，我对这个问题有了新的认识。

平衡是一个必选项，而不是一个可选项

不能说男性就不需要平衡事业和家庭，但不得不承认的是，女性面对家庭和事业的冲突，更强烈。

妈妈跟孩子之间的联结似乎天生就比爸爸跟孩子之间的强，因为孩子是妈妈生下来的。

怀胎十月，有胎动的时候，我们和孩子之间就产生了联结，包括肉体和精神上的。母亲生孩子时，身体会分泌催产素，这种激素的分泌，会使妈妈对孩子的需求格外敏感。我休产假的时候，有一次一群同事来看我，我们在客厅聊天时，我忽然听到孩子的哭声，转身冲进了卧室。这件事被同事们形容为"崔璀一转眼就消失了，而我们都没听到孩子发出任何声音"。

大家纷纷感叹，果然是母爱伟大啊，以前看新闻，说小孩子遇到危险时，妈妈会用生命去保护他，现在终于理解了，妈妈真的是一切为了孩子啊。

我哭笑不得，哪是什么伟大的母爱，其实，我们是被激素控制的群体。

记得生完孩子后第一次出差的时候，小核桃还没断奶，他的小手扒着我的行李箱把手，小脸哭得通红，司机还在下面催，眼看飞机要赶不上了。我只能一边把他的小指头一个一个地掰开，一边掉眼泪。这个情境，时隔多年想起来，我的心还是会痛。小核桃发高烧时，我在外地出差，隔着视频听他说："妈妈，我很难受。"因为这句话，我一刻不停地赶工，乘当天最晚的飞机回来，就只是为了第二天早上小核桃睁眼的时候，露出的那惊喜的微笑："妈妈回来啦！"哪怕我才睡了3个小时。

在这些时候，如果有谁跟我说"算了，平衡两者太难了，别挣扎了"，我恐怕是要同他翻脸的。这种嵌入骨髓的紧密联结，哪是一句"算了"就能改变的事情啊。

不仅如此，我们进入婚姻、养育孩子、经营家庭，遇到的每一件事都充满挑战，我常常对这些问题感到困惑：我要如何维护亲密关系？什么才是最好的养育方式？两个毫无血缘关系的家庭要怎么样进行联结？我要跟自己的父母保持怎样的联结，才能让我们相爱却不相杀？我不断遇到新的挑战，却发现，从来没有人告诉过我该如何做。面对生活时，不像面对工作还可以有新员工培训，好像需要我们天生就会处理生活问题。可偏偏，生活中牵扯到亲人和爱人，交错着经济与情感，又纠缠在自我与奉献之中，复杂得要命。

正如我之前所说的，在我创立 Momself 之后，接触到了大量女性用户，她们所面对的复杂家庭问题，比我所经历的要难得多。比如，她们要面对工作竞争加剧、婚姻关系出现问题、孩子青春期叛逆等复杂问题。又如，单亲妈妈面临上有老下有小、前有老板后有债主等难题，同时，自己对职业发展犹豫不决，等等。我在的这个圈子，女性创始人和管理者花费了大量的时间和精力在公司上，对孩子和家庭常满心愧疚，但不知所措，只幻想着先忙过这一段再说吧。可公司的事情哪有忙完的一天？没有最忙，只有更忙，孩子却一眨眼就长大了。

一些朋友跟 Mandy 说出了意思一样的话："算了，太复杂了。我在职场中叱咤风云，可一回到家，就好像被打回原形了，我搞不定，更平衡不了。那我就好好赚钱吧，不考虑这些复杂的问题。"

话虽这么说，但午夜梦回，亲密关系带给我们的力量或是伤害，以及对我们的重要性，骗不了自己。

平衡事业和家庭，对我们来说是一个必选项，而不是一个可选项。哪怕不为别人，只为了自己，我们也必须学会平衡。

我从外地出差回来，已经是 4 天之后了。我问 Mandy 现在怎样了，她发了个哭的表情，然后说："还能怎么样？我跟老公现在谁也不搭理谁。反正我马上要出差了。"

"出差前，你不打算跟他谈谈吗？"

"怎么谈啊？而且为什么不是他来跟我谈啊？" Mandy 的回复很有自己的风格。

我跟她说："那你就当是为了自己的健康去跟他谈！"

她一脸疑惑："这跟我的身体健康有什么关系？"

不是我在危言耸听，亲密关系对幸福度和健康度的影响，在一些研究中早已证实。1938 年，哈佛大学进行了一项研究，研究人员跟踪研究了 724 个人的一生，研究他们从少年到步入老年，想了解历时 75 年的人生中，究竟是什么让人保持快乐和健康。近日，哈佛大学教授公布了他们的研究结果：良好的人际关系能让人更加快乐和健康。真正影响你的幸福指数的，是你身边各种关系的质量。

在这项长达 75 年的研究中，研究人员把受访者 50 岁时的所有信息整合之后，发现能够预测受访者晚年生活的，不是他们中年时的胆固醇水平，而是他们对亲密关系的满意度。那些在 50 岁时对亲密关系满意度很高的人，大部分在 80 岁时也是健康的。另外，良好的亲密关系能减轻衰老给人带来的痛苦。受访者中那些幸福的夫妻告诉我们，在他们 80 多岁时，哪怕身体出现问题，他们依旧觉得日子很幸福，而那些婚姻不幸福的夫妻，身体上会出现更多不适，因为坏情绪把身体的痛苦放大了。

良好的亲密关系不单能保护我们的身体，也能保护我们的大脑。这项跟踪调查同时发现，在 80 岁之后依然处在对伴侣的安全依恋关系中，知道对方在关键时刻能指望得上，那么他们保持清晰记忆力的时间会更长。反过来说，那些觉得无法信任自己的伴侣的人，记忆力会更早地出现衰退。

所以，不管是从家庭出发，还是从我们自身的生活质量出发，我们都需要为平衡事业和家庭做一些改变。

我们这一代女性接受了高等教育，知道了奋斗的意义，看见过世界的精彩。我们在越来越多元化的环境下生活，自然在自我实现上也有强烈的渴望，所以我渴望有自己的事业，也背负着一些使命感。

我创业的这些年，定战略、找模式、找钱、找人、抓产品、带团队、打硬仗，独自面对孤独、承担压力，左手是妈妈的身份，右手是事业的追求，任何一个部分都足以占用我的全部精力。如果你说两手都想抓，就一定会收到来自周遭的疑虑："你也太贪心了吧？还是要做出选择。"如果一定要让我做出选择，我的选择是平衡两者：我想要全部，而且我不想为这份野心感到抱歉。

平衡是一种方法论

花了很长时间，我才能这样坦然承认：我是很贪心，我想要更多。

早些时候，我是不敢承认的。在我刚生完孩子回公司时，我听到一个男同事问另一个同事："为什么崔璀都当妈妈了，还要做视力矫正手术，还要这么积极地健身啊？"后来，我决定创业，仍然听到了同样的声音："你说你都有孩子了，在一个稳定的平台安安心心做事情多好，干吗要去折腾？"

他们都是我多年的老同事，我知道他们绝不是在攻击和指责我，只是因为纯粹好奇。因为我的所作所为，太不符合他们对"妈妈"这个身份的认知了。

我在开始的时候，是会为自己想要更多而感到愧疚的。

当我听到"你都当妈妈了"时，我会下意识地将此等同于"你这样可不是好妈妈""都当妈妈了，不能有太多欲望"，然后我盯着自己的欲望，再看看"妈妈"这个身份，感到不知所措。

事业是我愿意为之奋斗终生的战场，那里号角嘹亮、气势轩昂；家庭值得我投入精力，那是人生的底色，是心底最温柔的渴望。我都想要，这是我的错吗？

直到我开始做致力于女性成长的公司，我每天都在研究女性成长过程中遇到的各种问题和挑战，终于有一天，我坦诚地说："我是妈妈，我也是我自己，而且平衡事业和家庭是可以做到的。"

因为平衡事业和家庭不是靠什么卓越的天赋，也不是靠什么意志力，平衡其实是一种方法论。

我以前是做财经出版的，常常接触一些成功人士，我发现了一种有趣的现象，越是成功的人，做的事情越多。

按理来说，他们每天这么忙，可支配的时间应该越来越少，同样是一天 24 小时，为什么他们做的事情却比普通人多？

当然，一个原因是他们有团队，有能力调动资源配合自己的时间，但我发现，还有一个关键原因，是他们非常善于把精力花在关键地方。精力管理做得好的人，好像总能用最少的时间做更多的事情。这太适合当妈妈的我们了。

总结之后，我发现精力管理的关键是合作思维。

很多用户常跟我抱怨，说自己特别辛苦，又要工作，又要带孩子，我有时候会说："那你找人帮忙啊，丈夫、父母、同事，看看有没有哪些事情是可以分担出去的。"

不提这个还好，一提这个很多用户就来气了："我的队友们，不给我添麻烦就不错了！还指望帮忙呢！"

我的闺密米小姐，生孩子之后，每次找我倾诉都是为了这个问题——老公对孩子不上心。

"为什么他就只会带着孩子一起玩游戏？

"家里那么多活儿，他是没看到吗？

"幼儿园有事时，赶去的总是我，难道只有他要上班吗？我也要上班啊！"

为了让老公对孩子上心，他们之间吵了无数次，米小姐的眼泪也没少流，但情况非但没有好转，老公出差、加班的次数反而越来越多了。

米小姐非常沮丧："我已经吵不动了。我跟他吵到半夜，第二天一早还要爬起来上班，眼睛肿得跟什么似的。到了我这个阶段，夫妻吵架太花费精力和时间了。但你说如果不吵吧，自己心里还有一肚子怨气。你说这是为什么啊？他一个当爸爸的人，怎么让他好好照顾孩子，他能那么烦呢？"

我试探着问她："有没有可能，他烦的不是照顾孩子，而是你要求他按照你的要求照顾孩子？"

米小姐冲我翻了一个白眼，一副"你又在胡说八道什么"的表情。

"我有方法专治各种不配合，你要听吗？"我问米小姐。

"你不早说！"

米小姐跟我是多年的好朋友，她知道我从职场小白一路走到现在，踩过多少坑、犯过多少错，但我从来不怕踩坑、犯错。我唯一怕的是，再遇到同样的问题，我没有能力去修正。所以每一次犯错时，我都会认真复盘、总结经验，在工作中如此，在家庭生活中也如此。

复盘是唯一能把经历变成经验的方法。

我们在工作中常受委屈，被老板骂哭过、被甲方拒绝过，可能连新来的同事都能让你气不顺，更何况是老公了。每天和另一个人生活在同一个屋檐下，光想想都知道有多艰难。好多时候，自己心里有各种委屈，但是事情总要推进下去，经过无数次复盘，我总结出了一个底层思维，能让自己和别人都乐意去做事——合作思维。

在后来的工作和生活中，合作思维几乎成为我做所有事情的底层思维，给了我巨大帮助，为此我还专门写了一本书——《深度影响：用别人乐于接受的方式实现你的目标》。

合作思维相信人人可以合作、事事可以合作，其中有两个方法很关键：

1. 深挖需求，找到共同目标

2. 放弃改变别人的幻想

我们不敢面对冲突，不敢跟对方提要求，不敢拒绝别人，都是因为担心失去和对方的合作，而合作思维的宗旨是：把合作当作起点，而不是终点。

比如，一个方案被甲方翻来覆去地修改，有人会一脸不情愿，"你是甲方，我哪敢随便顶撞？你说改什么，那就改什么呗"。有合作思维的人也会修改，但会跟甲方探讨其最深层的需求，甚至提出新的想法。因为他知道，我们已经是合作关系了，我们进行的每一次修改，都是想把事情做好。

又如，一位员工总是迟到，你采取了各种措施，迟到罚款、点名批评，但发现他屡教不改。有些新任主管在这种时候会不再去管，担心自己太严厉，员工会离职。这就是没有合作思维的表现。我们已经是合作关系了，做任何事情都是为了让彼此变得更好。这时候，挖掘对方的需求，就变得很重要。员工到底为什么迟到？他想通过迟到表达什么？是对其他同事不满意，还是工作压力太大产生抵触心理了？或者是他觉得工作激励不够？带着"我想跟你一起实现什么"的想法去合作，很多自己以前不敢说的话、不敢推进的事情，会比较自然而高效地发生。

我最喜欢的商界人士——桥水基金创始人瑞·达利欧说过："我们之间越是互相关爱，对彼此的要求就越严格，业绩也就越好，我们能分享的奖励也就越多。这是一种自我增强型的循环。"

所以，我问米小姐："你老公的需求是什么？"

"他？他的需求就是回家能躺着。"米小姐没好气地说。

"哦，所以他的需求是，工作忙了一天，希望回家能休息一下。还有吗？"

米小姐不愧是做人力资源管理工作，马上理解了我的意思。她不再冷嘲热讽了，而是认认真真地跟我分析老公的需求。然而，她发现自己并不了解老公到底想要什么。

这也难怪。我们会花一小时跟同事讨论一个产品的小小细节，也会花两小时跟老板汇报工作，但是我们可能不会特地抽时间跟亲密的人坐下来，好好聊一聊："你的需求到底是什么？"

我们总以为相爱的人就应该"心有灵犀一点通"，但事实是，你不说，他不说，彼此都不知道对方的需求。只有当事情发生了，两个人之间的冲突才会爆发。

但是，我们每一个人又妄图改变对方。多数时候的家庭冲突，是因为我们试图让对方按照自己的想法来做。

米小姐听完后，沉默了好久。

我对她的沉默感同身受。半夜时，孩子睡了，手机也终于消停了，我从热闹世界里收回目光才发现，我一整天都没有跟身边的这个人认认真真地聊过天，只是我的肉体跟他待在一起而已。多数时候，夫妻之间的争吵、冷战、失望，不过是因为根本不知道对方想要什么。

好在，发现问题就是解决的开始。

米小姐跟老公认认真真地谈了一次彼此的需求，老公表达了自己的需求："希望每周能自由自在地跟孩子待一天。"这个"自由自在"让米小姐有点儿受伤："他觉得我给了他很大压力，什么都要管。但是，他带孩子是真的很不靠谱，吃饭前连手都不洗，孩子想吃什么他就买什么，导致孩子现在挑食挑得一塌糊涂。我能不管吗？！"

合作思维的第二个方法，是放弃改变别人的幻想，即采用"A+B=C"的方式。这个理论来自一位冲突解决专家洛兰·西格尔，她的观点大致为：如果把我的想法和行为看成A，把你的想法和行为看成B，那么很多人会坚定地认为，只要把你的B扭转成我的A，咱俩保持一致，就能解决问题，万事大吉。这叫作改变别人的幻想。多数人认为，要么我听你的，要么你听我的，非A即B。但真相是，没有人喜欢被改变，如果我们的目标是相同的，那是否除了A和B之外，还有第三种选择？

为了让孩子的营养摄入得更全面，我们只好紧盯着他，让他每顿饭必须吃完所有的菜。最后，孩子不开心，大人也生气。如果只是为了健康这个目标，有没有别的方法呢？

米小姐跟老公提出了自己的担心，两人都认同保证孩子的健康是共同目标，于是米小姐决定放手一次。

果不其然，老公周末带着孩子踢球、滚草坪，米小姐给我打电话说："你真是不知道，他带一天孩子，孩子的衣服都能变成灰色的，身上还滚一身泥，但是带出去的一瓶水都没喝完……"

我打断她："所以呢？"

米小姐得意地说："聪明的我管住了自己的手和脚，我就在旁边看。我发现老公跟孩子约定，如果中餐想吃垃圾食品，那么晚餐就要遵循爸爸的食谱要求。我是要孩子吃的每顿饭营养全面，他呢，是要孩子在一天之内营养全面。我发现，这好像也没什么不可以……"

A+B，是可以等于C的。

也就放手了3个周末，米小姐老公的变化微妙又奇特，他开始早早回家了，原因是他跟孩子建立了感情，他说："你别说，我下了班只要想到要跟孩子玩，还挺高兴的。"

米小姐哭笑不得地跟我说："我以前为了让他多照顾孩子，吼得声嘶力竭，原来都白吼了？"

"是啊，因为你把精力都花在如何不让他参与养育这件事上了。"

我们时常把时间花在错的地方，这样即使我们做了很多事情，问题依然存在。因为我们看不到问题的本质，问题也就无从解决。

瑞·达利欧的另外一句话我也很喜欢，他说："把生活想象成一场游戏，我面临的每个问题都是一个需要破解的谜。"生命中所有重要的东西都需要以足够快的速度去不断改善，只有这样，我们才能超越平凡、走向卓越。"

掌握改善的能力，就是无限度接近事物本质的过程，它给我带来的一个好处是，在有限的时间里能做更多的事情。因为这种能力能帮助我们看清事情的本质，不把有限的精力花在不必要的纠缠上，而是把它用在对事情最有影响的地方。

有一次我们几个朋友聚会，大家都是职场妈妈，自嘲是一地鸡毛地生活着，忽然有一个朋友说："但你们有没有发现，现在的我们比从前更利落、做事更有成效？"

一时间引起无数赞同。"也许是因为，我们真的没有太多时间浪费了吧？我以前写稿，要沐浴更衣，准备很久；现在趁着孩子睡着，我三下五除二，要赶紧写完。"我一个记者朋友说。"是因为我们太贪心，什么都想要，所以生活逼着我们变得更聪明了。"我说。

当妈妈的这几年，我觉得自己根本没有"耽误时间"的资本，一件事如果拖延了，会影响之后一堆事情的进展，因为我的每一个小时都被排满了。在外人看来，当妈妈好惨，当妈妈的同时还要努力工作，就是惨上加惨。但事实是，对我来说真正重要的事儿，健身、读书、陪伴家人、工作，我不能说自己做到最好了，但每件事也没耽误。

　　当妈妈的这几年，我们的生命密度提高了很多。如果生命足够珍贵，那么提高生命密度可能会比延长生命长度更精彩吧？

　　这就是我所理解的平衡事业和家庭。它意味着，我们知道自己想要什么，而且有能力实现我们想要的。

　　也许，这就是所谓的自由吧。

参考文献

1. 塞德希尔·穆来纳森，埃尔德·沙菲尔.稀缺：我们是如何陷入贫穷与忙碌的 [M].魏薇，龙志勇，译.杭州：浙江人民出版社，2018.

我是妈妈，我是我自己

我很喜欢一个词，叫作"人生叙事"。

我以前听过一个故事，至今印象很深。

有一对双胞胎兄弟，他们的爸爸吃喝嫖赌，是监狱的常客，他们的妈妈则在早年去世了。兄弟俩就这么互相照应着，跌跌撞撞地长大了。最终，弟弟变成了跟他们的爸爸一样的人，没有一份正经工作；哥哥却成了当地著名的律师。

有位记者很好奇，就去采访这兄弟俩，问了他们同样的问题："你们为什么会成长为今天这个样子呢？"

兄弟俩给出了一模一样的答案："摊上这样的爸爸，我能怎么办啊？"

这是我看过的对人生叙事解读得最生动的故事。

同样的处境，同样的开头，不同的人生叙事。

我们的生活，是被自己"讲述"出来的，如何"讲述"，关键在于自己的认知。

我是妈妈

当妈妈的这几年，我也在学习构建不同的人生叙事。

毕竟，当妈妈这件事，真的是太难了，偏偏又那么重要。

这大概是"自我怀疑"的时刻在我的生活中出现次数最多的 6 年了。

小核桃 6 个月时，我因为睡得太少，精神恍惚，眼看着他从床上摔下去，那时我快自责到崩溃，满脑子只有一个声音：你连当妈妈都当不好（现在我才敢说，当妈妈这么难，当不好多正常啊）！小核桃 1 岁生病时，哭着想要妈妈陪，我却无法陪在他身边，也忍不住跟着哭。一个人走回家时，我问自己：这样忙碌到底是为了什么？小核桃兴高采烈地邀请我一起玩游戏时，我发现自己最多能陪玩半小时，手便忍不住要伸向电脑了，心里在想"任何妈妈似乎都比我有耐心"。出国旅行时，我兴致勃勃地炒了菜，结果他跟姥姥打电话时认真地说："我妈妈炒的菜，真的特别难吃啊。"当朋友跟我说"再忙也要坚持接送孩子"的时候，我两只手插在兜里数了一下我去幼儿园接小核桃的次数……根本不用两只手就能数得过来，想着自己真不是一个称职的妈妈呀。开会时想出了精彩的活动方案，我决定要出差一个月时，下一个念头是：唉，小核桃刚上小学，我这样走这么长时间是不是不太好？当我答应小核桃晚上拍完片子 9 点回家时，他自言自语道："妈妈答应的时间，一般延迟半小时刚刚好。"我一边换衣服出门一边想：我这是在以身作则告诉孩子不遵守时间吗？当我选择了公立小学时，担心会影响他的未来；当我选择了国际小学时，又因为国际形势而惴惴不安。我会想自己的选择对孩子来说是合适的吗？

这样的自我怀疑时刻，轻轻巧巧又密密麻麻地出现在我当妈妈之后的日日夜夜里。"你连妈妈都当不好"这个念头，常常成为深夜里压倒我的最后一根稻草。如果自我总结这 6 年来最大的变化，那就是在当妈妈这件事上，我不再试图证明自己是对的，不强求自己做得多好，而是换一个角度开始理解生活，开始喜欢自己。

有一天逛书店时，我无意翻到了《极简父母法则：教出快乐、自信、独立的孩子》这本书，里面有一条法则，叫作"认清自己的长处"：以前我总是去关注那些别的父母能做到而自己做不到的事情，却没有意识到自己也能做很多他人做不到的事情。虽然这些事情对我来说不是什么大不了的事，但是这很重要，就像别的父母能做到一些事情一样重要。这无关个人能力，也无关对错，最重要的是，父母需要能看到自己身上的长处，然后发挥自己的优势，去做自己擅长的事情。比如，如果我们的菜做得不如别的父母好吃，那可以发挥自己做美味甜点的优势。

为人父母需要知道自己擅长什么，而且要对自己的优势有信心，这一点是很重要的。这样一来，如果你以后见到别的父母在做你做不到的事情时，就不会感觉相形见绌了。要记住，父母不是无所不能的，你也要有自己的长处。

看完那本书后，我有一种心安定下来的契合感，这就是所谓的"人生叙事"啊。

在我自我怀疑的同时，这6年，在我身上其实还有另外一种叙事。

"也许，我就是跟别人不一样的妈妈呢？"

虽然我没有耐心陪着小核桃玩游戏，但是他每次有情绪问题，我都有办法跟他细致地探讨，他在很小的时候就会告诉别人："我的妈妈能理解我。"虽然我没办法天天去接送他，但是他会在幼儿园的毕业典礼上把我的新书送给每个老师，连脑门儿上的汗珠都写着"自豪"两个字。虽然我做的菜是难吃了点儿，但是我总有办法跟小核桃的姥姥和姥爷维护好关系，定期带一家子去"团建"，让他们保持好心情，然后他们也可以给小核桃提供更好的衣食照料。哪怕我对选择的学校有些担心，但自己也觉得关系不算大，毕竟家才是最好的学校。小核桃第一天上小学时跟我说："妈妈，如果我以后作业多起来，你要早点儿下班，然后我做作业，你跟爸爸在旁边加班。"由此看来，他平常接触到的都是紧锁眉头、沉浸在工作里不能自拔的爸爸和妈妈。

在战战兢兢的当妈生涯中，我培养了一种新的能力——自我确认。虽然知道自己有很多不足，但对自己也会有很满意的感觉。这 6 年，我体会到了非常纯粹的快乐，看着那个孩子，我心里清楚地知道，他并不完美，眼睛好小、牙齿不齐，嘴巴外一圈永远挂着食物残渣，练架子鼓前总是要磨蹭一会儿，出门前还会丢三落四，面对新的环境和挑战时会退缩……

但是我清楚地知道，我爱他。

虽然他有诸多不足，但是我爱他；虽然我有各种不足，但是他也爱我。

这样的确认感和安全感，让我总忍不住想要做得更好一些。

在最需要奋斗的年华里，我爱上了一个能带给我动力的人，真的太幸运。

就这样，在自我怀疑和自我确认之间，我来回游走，一晃，我作为妈妈已经"六年级毕业"了。

在小核桃的幼儿园毕业典礼上，我作为优秀家长代表上台发言。接到老师的邀请时，我一阵心虚，觉得自己是在孩子身上花时间最少的家长。就在发言前，小核桃刚刚在台上表演完节目——一个表演得乱七八糟的街舞节目，他的每一个动作都像在赶集一样，一点儿也不酷炫，"啊呀，我都没时间好好陪他练舞"。又是一个隐秘的自我怀疑时刻。没想到，他蹦蹦跳跳下来后跟我说："妈妈，我跳得真不错啊，毕竟我才学了 4 次就能跳完整了！很厉害的！"忽然，我感觉自己受到莫名的鼓舞，心里想，也许这一切，真的还不错。

那时，我想起一句话："对待自己温柔一点儿，你只不过是宇宙的孩子，与植物、星辰没什么两样。"

毕竟，能把一个孩子健康、快乐地养大，对于第一次当妈妈的我们来说，已经很了不起了。

我是我自己

在过去的 6 年里，伴随着怀孕、生产、养孩子，我完成了辞职、创业、成立 Momself。如果不出意外，这本书出版的时候，刚好是 Momself 的 4 周年纪念日。这家公司并没有实现什么爆发式发展，但每一天都有新的变化，一步一步朝着我们的目标靠近。

在没生孩子的时候，我觉得自己还有无数的日日夜夜，时间是无限的，任由自己挥霍。那时，我总觉得未来有无限可能，多尝试、多探索总没有错。

生了孩子后，我又忙着创业，每一天的时间都细碎、零散，这对我的时间观念来说是一种摧毁与重建。我清楚地认识到，我做不了所有事情，也不应该什么都想尝试。我开始学习取舍。几乎遇到每一件重要的事我都要问，这是对我来说是最重要的事吗？这是我必须做的吗？我是在模仿别人，还是在坚持做自己？

学会取舍并不容易，因为放弃比获取更难。厌恶损失是人类的本能，总担心自己放弃时会不会错过什么。

但我知道，我在成长。

小核桃 6 岁，Momself 4 岁，一切才刚开始。

"一切才刚开始"是 2019 年我们举办的"中国妈妈日"的活动主题，在生活中，很多女性用户讲述了"我是妈妈，我是我自己"的故事。

这些年，Momself 举办了很多场这样的活动，"妈妈的人生学校"线下社群也缓慢地启动了。有一天，同事跟我说，这个月有 17 个城市同时举办 Momself 线下沙龙，都是妈妈们自己主动举办的。那个瞬间，我感觉到了女性对联结、支持和分享的渴望。这些瞬间，是让我不断确认"正确感"的瞬间。

我们还做了中国首份《新妈妈情绪蓝皮书》，以及《80、90 后妈妈生存现状调研报告》《新物种妈妈》等报告，去探究女性在这个时代的变与不变。

其间，我们也写了 1000 多篇文章，开发了 40 多门课程，为超过 10 万女性用户提供了成长解决方案。

这个过程，跟养孩子一样，我们一次次崩溃，又一次次重新来过。

如果说这些年我对自己有了什么新的认识，我首先想到的就是复原力。现在，不管我再怎么崩溃，好像都有办法从头来过，总能创造出新气象。也许，这就是每个人独特的优势。

人终归是自己生活的主人，要有自己过好日子的能力，要有别人没法拿走的东西，这些很重要。

人生有一些时刻，其他人无法帮助你，孩子、车子、房子、伴侣，都帮不了你，真正能帮到你，让你走出一步活棋的，唯有独属于你的能力。

每个人都有属于自己的特别能力，我称为优势。

Momself 开发了一款名为"坐标学院"的服务软件，旨在帮助每个用户发现自己的优势，找到自己的人生定位。我们还做了一个可以重新发现自己优势的测评，同时延伸开发出不同优势的定制化课程，做到发现优势，发挥优势。通过优势变现，让每个人都能享受到优势带来的幸运。

随着小核桃进入小学，开启了人生新篇章，我的人生也开启了新篇章。

我们击掌，互相加油，祝福彼此：生命没有输赢之分，只有值不值得，任何经历过的东西都属于你。

要想养大一个孩子，没有一个妈妈是轻松的；要想做好一份工作，也没有一个职场人士是轻松的。轻不轻松其实不重要，重要的是，在这个过程中，我们是否得到了自己想要的，是否更喜欢自己。

本书记录了我在当妈妈的过程中获得的变化，或者说，是每一个女性在初为人母的过程中获得的变化。比如我掌握了一些新的技能，理解了很多基础的思维方式，对这个世界、环境和宇宙更加关心，因为那是孩子未来的生存之地。我知道，自己再也不会有这样的经历了，哪怕未来我还会有别的小孩。这段经历对我来说，是独一无二的。

回到这篇后记的开头，回到"人生叙事"这个词。

比起"由于有了孩子，实在没办法，我失去了很多"这样的人生叙事，我希望我的人生叙事是：当了妈妈后，我的潜能被激发出了千百倍，这些是我未曾想过的。比如孩子生病要进行手术的时刻，恰巧赶上工作紧急，我在手术室外蹲着加班，表面平静地埋头苦干，其实内心在惊呼："妈呀，这样我都能撑住！"

那种时刻让我觉得，嗯，我挺了不起的。

对于这样一个全新的自己，我心怀好奇，想试试看还能怎样超越自我。

我知道在看本书的你，一定也有过那种时刻，或许那种时刻有很多，只是我们习惯盯住自己不够好的地方，不曾去看到自己有多了不起。我只是扮演了表达者的角色，代替每一位妈妈，说出你们心里想说的话，彰显原本就属于你们的荣耀，鼓励和帮助彼此。

如果你也有精彩的故事，不妨写邮件给我 cuicui@momself.cn，或者添加我的微信号说出你的故事。也许我们可以把它变成公众号文章或短视频，不断地告诉自己和这个世界，不管是哭还是笑，不管是沮丧还是昂扬，都不要忘记：妈妈，天生了不起！

崔　璀

2020 年 8 月 25 日

于钱塘江畔

扫码关注作者崔璀
说出你自己的故事

扫码关注崔璀个人公众号
回复"产后抑郁"
领取完整版《新妈妈情绪蓝皮书》

致
谢

我感谢我的爸爸和妈妈，以及我的丈夫和公公，是他们的分担，使我获得了一片可以自由写作的天地。他们是这个世界上最美好的存在。同时，我也要感谢公司的合伙人王妍和金金，我们彼此照应，肩并肩战斗。

我也想特别感谢这本书的策划编辑，中信出版集团的曹萌瑶和她的团队，是她们的专业和热情得以让这本书顺利面市。

感谢策划顾问蔡蕾，她是一名资深的策划人，有着非常有趣的灵魂；感谢金洁，在我天马行空、放飞自我时，是她让每一个环节踏实落地；感谢高颖怡，这本书的创作助手，是她把心理学研究生写论文的功底拿出来，为本书搜集了大量翔实的资料，如果没有她"花式催稿"，这本书可能会被我拖到地老天荒。

最后，我要特别感谢我的孩子小核桃，因为没有他，便不会有这本书。